建筑工程测量实训指导书

杨海燕　张慧琴　主编

苏州大学出版社

图书在版编目(CIP)数据

建筑工程测量实训指导书 / 杨海燕，张慧琴主编
.—苏州：苏州大学出版社，2015.4(2016.7 重印)
ISBN 978-7-5672-1280-0

Ⅰ.①建… Ⅱ.①杨… ②张… Ⅲ.①建筑测量—高等学校—教学参考资料 Ⅳ.①TU198

中国版本图书馆 CIP 数据核字(2015)第 060197 号

建筑工程测量实训指导书
杨海燕　张慧琴　主编
责任编辑　徐　来

苏州大学出版社出版发行
(地址：苏州市十梓街 1 号　邮编：215006)
虎彩印艺股份有限公司印装
(地址：东莞市虎门镇陈黄村工业区石鼓岗　邮编：523925)

开本 787 mm×1 092 mm　1/16　印张 5　字数 116 千
2015 年 4 月第 1 版　2016 年 7 月第 2 次印刷
ISBN 978-7-5672-1280-0　定价：15.00 元

苏州大学版图书若有印装错误，本社负责调换
苏州大学出版社营销部　电话：0512-65225020
苏州大学出版社网址　http://www.sudapress.com

建筑工程测量实训指导书

编审委员会

主　编　杨海燕　张慧琴

副主编　黄其中　杨　柳　陈嘉熙　黄　婷

陆晓笑　黄　磊　蔡　庆　江昕璇

陆　全　黄思程　刘　瑛（龙信建设集团有限公司）

审　核　陆建时

前 言

QIANYAN

“建筑工程测量”是一门操作性很强的课程。为了巩固所学的理论知识，必要的测量实训是必不可少的。《建筑工程测量实训指导书》是学生学习“建筑工程测量”课程的配套教材，本书旨在培养学生的动手操作能力、团队协作能力和分析问题、解决问题的能力，同时让学生在实训操作中熟练使用测量仪器，掌握测量方法。本书与《建筑工程测量》教材内容紧密相扣，与测量放线员的岗位需求紧密契合，吸纳了近几年测量技能大赛的比赛精髓。

本书可供高职高专建筑类各专业、中等专业学校建筑类各专业以及测绘类专业使用。

本书以实用为原则，选取了10个基础实训项目和13个拓展实训项目。每个实训项目均指明了实训目的和要求、能力目标、仪器和工具、实训任务、要点与流程、注意事项等，并针对实验内容设计了适量的实验问答，由学生在完成相应实验后作答，这样可进一步帮助学生理解和巩固实验内容，加强学生对知识的理解，提高计算能力。考虑到学校的仪器设备、场地条件及专业要求不甚相同，本书中规定的某些限差和允许残留误差，实习指导教师可视仪器和学生的具体情况作适当变动。

本书由杨海燕、张慧琴老师主编。

由于编者水平所限，不妥之处敬请读者批评指正。

编　者

目录

MULU

测量实训须知

一、测量实训要求

(1) 实训前必须阅读有关教材及实训指导书,初步了解实训的内容、目的要求、方法步骤及注意事项,以保证按要求完成实训任务。

(2) 实训分小组进行,组长负责组织和协调小组工作,办理所用仪器工具的借领和归还。每位同学都必须认真仔细地操作,培养独立工作的能力和严谨的科学态度,同时要发扬相互协作精神。

(3) 实训应在规定的时间和地点进行,不得无故缺席或迟到早退,不得擅自改变地点或离开现场。

(4) 实训中,如出现仪器故障,应及时向指导教师报告,不可随意自行处理。若有仪器损坏或遗失,应先进行登记,查明原因后,视情节轻重,按学校有关条例给予适当赔偿和处理。

(5) 实训结束后,应把观测记录、计算表交给指导教师审阅,合乎要求并经允许,方可收拾和清洁仪器与工具,并按其领取的位置归还。

二、测量仪器与工具的操作注意事项

1. 仪器与工具的借领及归还

(1) 以小组为单位前往测量仪器室借领仪器与工具。仪器与工具均有编号,借领时应当场清点和检查,如有缺损,立即补领或更换。

(2) 仪器搬运前,应检查仪器背带和提手是否牢固,仪器箱是否锁好。搬运仪器与工具时,应轻拿轻放,避免剧烈震动和碰撞。

(3) 实训结束后,应清理仪器与工具上的泥土,及时收装仪器与工具,送还仪器室,按要求整齐排放。

2. 仪器的安装

(1) 架设三脚架时,三条架腿抽出的长度和三条架腿分开的跨度要适中,架头大致水平。如果地面为泥土地面,将各架脚尖踩入土中,使三脚架稳妥,以防仪器下沉;如果在斜坡地上架设三脚架,应使两条架腿在坡下,一条架腿在坡上;如果在光滑地面架设三脚架,要采取安全措施,以防三脚架打滑。

(2) 应将仪器箱平稳放在地面上或其他平台后才能开箱。开箱后,看清仪器在箱中的位置,以免装箱时发生困难。取仪器前应先松开制动螺旋,以免在取出仪器时因强行扭转而损坏制动装置。

(3) 取出仪器时，应握住基座或照准部的支架部分取出，然后小心地放在三脚架架头上，一手握住基座或照准部的支架，另一手将中心连接螺旋旋入基座底板的连接孔内旋紧，做到“连接牢固”。

(4) 从仪器箱取出仪器后，要随即将仪器箱盖好，以免沙土、杂草进入箱内。禁止坐在仪器箱上。

3. 仪器的使用

(1) 使用仪器时，避免触摸仪器的物镜和目镜。如果镜头有灰尘，应用仪器箱中的软毛刷拂去或用镜头纸轻轻擦拭。严禁用手帕或纸张等物擦拭，以免损坏镜头上的药膜。

(2) 转动仪器时，应先松开制动螺旋，然后平稳转动；制动时，制动螺旋不能拧得太紧；使用微动螺旋时，应先旋紧制动螺旋。

(3) 在任何时候，仪器必须有人看管，做到“人不离仪”，防止其他无关人员使弄以及行人车辆等冲撞仪器。在阳光或细雨下使用仪器时必须撑伞，特别注意不得使仪器受潮。

4. 仪器的搬迁

(1) 远距离迁站或通过行走不便的地区时，必须将仪器装箱。

(2) 近距离且在平坦地区迁站时，可将仪器连同三脚架一同搬迁，方法是：先检查一下连接螺旋是否旋紧，然后松开各制动螺旋。若为经纬仪，应使望远镜对着度盘中心；若为水准仪，物镜应向后。最后收拢三脚架，左手握住仪器的基座或支架，右手抱住三脚架，近乎垂直地搬迁。

(3) 仪器迁站时，必须带走仪器箱及有关工具，不允许将仪器箱直接在地面上拖动。

5. 仪器的装箱

(1) 仪器使用完毕，应及时清除仪器及箱子上的灰尘和三脚架上的泥土。

(2) 仪器装箱时，应先松开各制动螺旋，将基座上的脚螺旋旋至中段大致等高的地方，再一手握住照准部支架或水准仪基座，另一手将中心连接螺旋旋开，双手将仪器取下装入箱中，试关箱盖，确认放妥后，再旋紧各制动螺旋，检查仪器箱内的附件是否缺少，然后关箱门，并立即扣上门扣或上锁。

6. 测量工具的使用

(1) 钢卷尺使用时，应避免扭转、打结，防止行人踩踏和车辆碾压，以免钢卷尺折断；携尺前进时，必须提起钢卷尺行走，不允许在地面拖走，以免损坏钢卷尺；钢卷尺使用完毕，必须用抹布擦去尘土，涂油防锈。

(2) 水准尺和测杆使用时，应注意防水、防潮，不可受横向压力，以免弯曲变形，应轻拿轻放。不得将水准尺或测杆往树上或墙上立靠，以防滑倒摔坏或磨损尺面。测杆不得用于抬东西或作标枪投掷。塔尺在使用时，应注意接口处的正确连接，用后及时收尺。

(3) 测图板使用时，应注意保护板面，不准乱戳乱画，不能施以重压。

三、测量记录与计算规则

(1) 各项记录必须直接记入规定的表格，不准另以纸条记录事后誊写。凡记录表格上规定应填写的项目不得空白。记录与计算均应用 2H 或 3H 绘图铅笔。

(2) 观测者读数后，记录者应在记录的同时回报读数，以防听错、记错。记录的数据应写齐规定的字数，表示精度或占位的“0”均不能省略。如水准尺读数 1.43m 应记作 1.430m，角度读数 45°6′6″应记作 45°06′06″。

（3）禁止擦拭、涂改。记录数字若有错误，应在错误数字上划一斜杠，将改正数据记在原数上方。所有记录的修改和观测成果的淘汰，必须在备注栏注明原因，如测错、记错或超限。

（4）原始观测数据的尾数部分不准更改，应将该部分观测废去重测。废去重测的范围如下表所示。

观测数据中不准更改与重测范围

测量种类	不准更改的部位	应重测的范围
角度测量	分和秒的读数	一测回
距离测量	厘米和毫米的读数	一尺段
水准测量	厘米和毫米的读数	一测站

（5）禁止连续更改数字。如水准测量的黑、红读数，角度测量中的盘左、盘右读数，距离测量中的往、返读数等，均不能同时更改，否则应重测。

（6）数据计算时，应根据所取位数，按“4 舍 6 进，5 前单进双舍”的规则进行凑整。例如，若取至毫，则 1.4564m、1.4556m、1.4565m、1.4555m 都应记为 1.456m。

（7）每测站观测结束后，必须在现场完成规定的计算和检核，确认无误后方可迁站。

第一部分　基础实训部分

实训一　水准仪的认识与使用

一、实训目的和要求

（1）了解 DS_3 水准仪的构造，认识水准仪各主要部件的名称和作用。

（2）初步掌握水准仪的粗平、瞄准、精平与水准尺读数的方法。

（3）测定地面两点间高差。

二、能力目标

了解水准仪各部件及其作用，能进行水准仪的安置、粗略整平、照准标尺、精确整平等操作，会在水准尺上读数，会根据读数计算两点间的高差。

三、仪器和工具

DS_3 水准仪 1 台，水准尺 2 根，记录板 1 块，伞 1 把，自备铅笔。

四、实训任务

每组每位同学完成整平水准仪 3 次、读水准尺读数 3 次。

五、要点与流程

1. 构造

DS_3 水准仪的构造如下图所示。

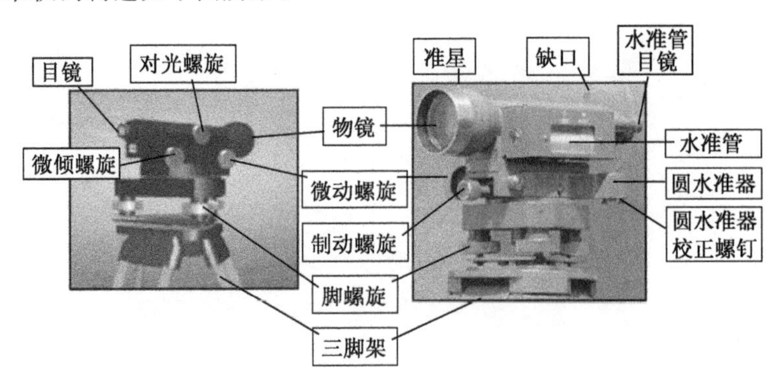

2. 要点

(1) 粗略整平水准仪：水准仪安置时，按“左手拇指规则”，先用双手同时反向旋转一对脚螺旋，使圆水准器气泡移至中间，再转动另一只脚螺旋，使气泡居中，如下图所示。

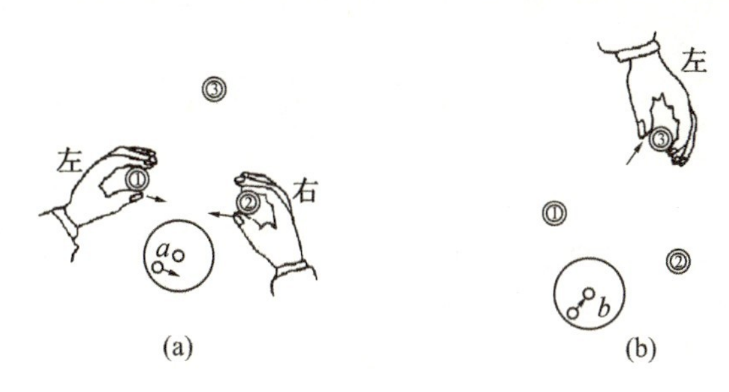

(a)　　(b)

(2) 精确整平水准仪：转动微倾螺旋，使符合水准器气泡两端的像吻合，如下图所示。注意微倾螺旋转动方向与符合水准管左侧气泡移动方向的一致性。每次读数前要查看是否处于精平状态。

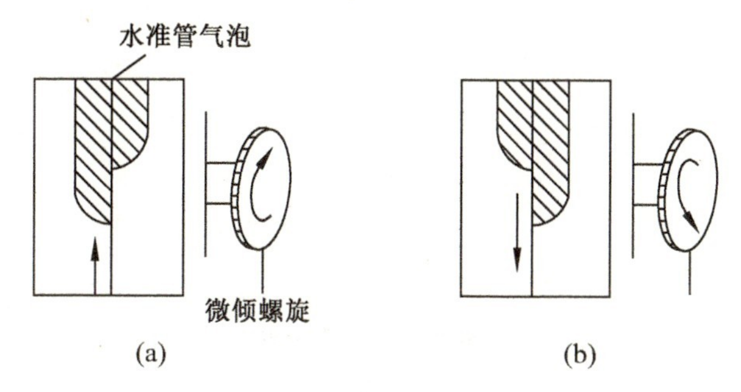

(a)　　(b)

3. 流程

安置水准仪—粗略整平—瞄准水准尺—精确整平—读数—记录。

六、注意事项

(1) 仪器安放到三脚架头上，最后必须旋紧连接螺旋，使其连接牢固。

(2) 水准仪在读数前，必须使长水准管气泡严格居中(自动安平水准仪例外)。

(3) 瞄准目标时必须消除视差。

七、实验问答

(1) 水准仪由________、________、________组成。

(2) 要使圆气泡居中，应转动________螺旋；控制水准仪望远镜转动，应用________和________螺旋；要使瞄准的尺子清晰及仪器的十字丝清晰，应用________和________螺旋；要使水准管气泡居中，应用________螺旋。

(3) 视差是物像未投影到________________，消除视差的方法是________________。

(4) 准星和缺口瞄准目标后,应牢固______________________,再转动____________ ____________,使十字丝纵丝平分尺面。

(5) 水准仪粗略整平的要点是什么?

(6) 水准仪照准水准尺的要点是什么?

(7) 水准尺读数的要点是什么?(提示:估读到哪一位,共需读几位数)

八、应交成果

水准仪读数练习表

仪器号: 天气: 观测者:

日期: 呈像: 记录者:

测站	点号	水准尺读数/m		高差/m	备注
		后视读数	前视读数		

实训二　闭合水准路线测量

一、实训目的和要求

（1）练习等外水准测量的观测、记录、计算和检核方法。

（2）从一已知水准点 BM 开始，沿各待定高程点 1、2、3 进行闭合水准路线测量，高差闭合差的容许值为：

$$W_{hp}=\pm 12\sqrt{n}$$

$$W_{hp}=\pm 4\sqrt{L}$$

其中，n 为测站数，L 为水准路线总长。

如观测成果满足精度要求，对观测成果进行整理，推算出 1、2、3 点的高程。

二、能力目标

各小组独立完成一条闭合水准路线的观测、记录和计算，满足闭合差容许值要求。各小组成员利用本组观测结果，独立完成水准测量成果的计算工作，求出闭合差、改正数以及各点的高程。

三、仪器和工具

DS_3 水准仪 1 台，水准尺 2 根，尺垫 2 个，记录板 1 块，伞 1 把。

四、实训任务

每组完成一条由 4 个点组成的闭合水准路线的观测任务。

五、要点与流程

1. 要点

（1）水准仪安置在离前、后视点距离大致相等处，用中丝读取水准尺上的读数至毫米。

（2）测得高差之差 Δh 不超过 ± 5mm，取其平均值作为平均高差。

（3）进行计算检核，即后视读数之和减前视读数之和应等于平均高差之和的两倍。

（4）计算高差闭合差，并对观测成果进行整理，推算出 2、3、4 点坐标。

2. 流程

在地面上选定 1、2、3 三个点作为待定高程点，BM 为已知高程点。如下图所示，已知 $H_{BM}=50.000$m，要求按等外水准精度要求施测，求点 1、2、3 的高程。

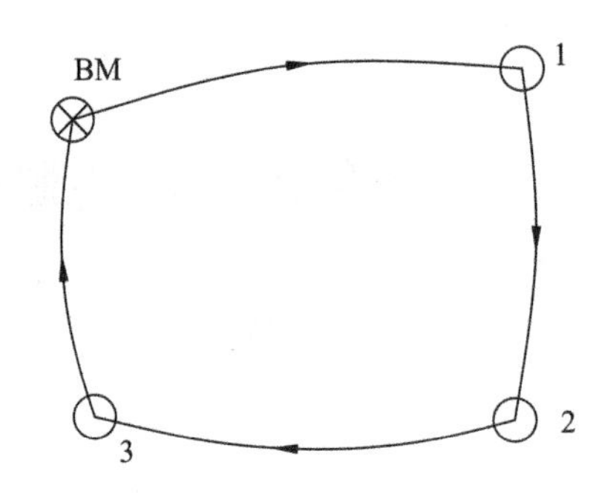

六、注意事项

（1）水准尺必须立直。尺子的左、右倾斜，观测者在望远镜中根据纵丝可以发觉，而尺子的前后倾斜则不易发觉，立尺者应注意。

（2）瞄准目标时，注意消除视差。

（3）仪器迁站时，应保护前视尺垫。在已知高程点和待定高程点上，不能放置尺垫。

七、实验问答

（1）水准路线的布设有________、________、________三种形式。

（2）视线高是__________加__________。

（3）在水准测量中，尺垫放置的位置，既可立前尺，又可立后尺，这个位置称为________。

（4）在水准测量中，精确整平仪器，读完后尺读数转向前尺时，发现附合水准管气泡不再居中，应该调________螺旋，使气泡重新居中。

八、应交成果

水准测量手簿

测自____点至____点　　天气：______　　呈像：______

组别：______　　仪器号码：______　　日期：____年____月____日

测站	点号	后视读数/m	前视读数/m	高差/m	高程/m	备注
计算检核	$\sum$					

水准测量成果计算表

点号	实测高差/m	改正数/mm	改正后高差/m	高程/m	备注
					已知点

实训三　经纬仪的认识与使用

一、实训目的和要求

(1) 了解 DJ_6 经纬仪的构造、主要部件的名称和作用。

(2) 练习经纬仪的对中、整平、瞄准和读数的方法。

(3) 要求对中误差小于 3mm，整平误差小于一格。

二、能力目标

了解光学经纬仪各部件及其作用，掌握对中、整平、瞄准和读数的方法。

三、仪器和工具

DJ_6 经纬仪 1 台，测钎 2 个，记录板 1 块，伞 1 把。

四、实训任务

每组每位同学完成经纬仪的对中、整平、瞄准、读数工作各一次。

五、要点与流程

1. 构造

DJ_6 经纬仪的构造如下图所示。

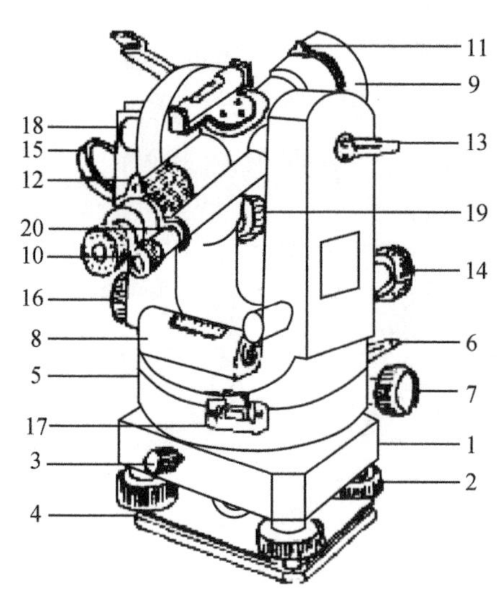

1—基座；2—脚螺旋；3—轴套制动螺旋；4—脚螺旋压板；5—水平度盘外罩；6—水平方向制动螺旋；7—水平方向微动螺旋；8—照准部水准管；9—物镜；10—目镜调焦螺旋；11—瞄准用的准星；12—物镜调焦螺旋；13—望远镜制动螺旋；14—望远镜微动螺旋；15—反光照明镜；16—度盘读数测微轮；17—复测机钮；18—竖直度盘水准管；19—竖直度盘水准管微动螺旋；20—度盘读数

2. 要点

(1) 气泡的移动方向与操作者左手旋转脚螺旋的方向应一致。

（2）经纬仪安置操作时，注意首先要大致对中，脚架要大致水平，这样整平和对中反复的次数会明显减少。

3．流程

光学对中器初步对中和整平—精确对中和整平—瞄准目标—读数。

（1）光学对中器初步对中和整平：固定一只三脚架腿，移动其他两只架腿，使镜中小圆圈对准地面点，踩紧脚架。若对中器的中心与地面点略有偏离，可转动脚螺旋；若圆水准器气泡偏离较大，则伸缩三脚架腿，使圆水准器气泡居中。注意脚架尖位置不能移动。

（2）精确整平的操作如下图所示。

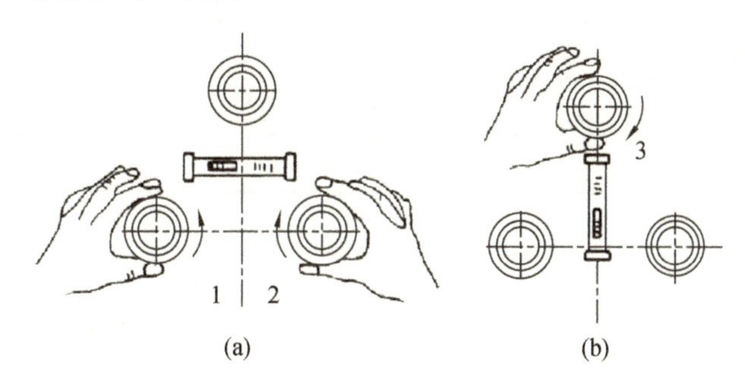

(a)　(b)

六、注意事项

（1）目标不能瞄错，并尽量瞄准目标下端。

（2）眼睛微微左右移动，检查有无视差，如果有，转动物镜对光螺旋予以消除。

七、实验问答

（1）经纬仪由______________、______________和______________组成。

（2）将经纬仪置于三脚架头上，应随手拧紧__________________螺旋。

（3）精确整平经纬仪时，使照准部水准管轴__________于两个脚螺旋的连线，转动这两个脚螺旋使____________居中，并将照准部旋转________，转动__________________使气泡居中。在这两个位置上来回数次，直到气泡在任何方向都居中为止。

（4）经纬仪对中和整平的目的各是什么？

（5）经纬仪对中的操作要点是什么？

（6）经纬仪照准目标的操作要点是什么？

八、应交成果

经纬仪使用操作记录表

仪器号：　　　　　　　　　　天气：　　　　　　观测者：

日期：　　　　　　　　　　　呈像：　　　　　　记录者：

观测次数	水平度盘读数(盘左)	水平度盘读数(盘右)	备注

实训四　水平角观测（测回法）

一、实训目的和要求

（1）掌握测回法测量水平角的操作、记录和计算方法。

（2）每位同学对同一角度观测一测回，上、下半测回角值之差不超过±40″。

（3）在地面上选择四点组成四边形，所测四边形的内角之和与360°之差不超过±60″$\sqrt{4}$=±120″。

二、能力目标

能够掌握测回法测量水平角的操作、记录和计算方法，精度符合要求。

三、仪器和工具

DJ_6 经纬仪1台，测钎2个，记录板1块，伞1把。

四、实训任务

每组用测回法完成4个水平角的观测任务。

五、要点与流程

1. 要点

（1）测回法测角时的限差若超限，则应立即重测。

（2）注意测回法测量的记录格式。

2. 流程

在地面上选择四点组成四边形（见右图），每位同学用测回法观测一测回。

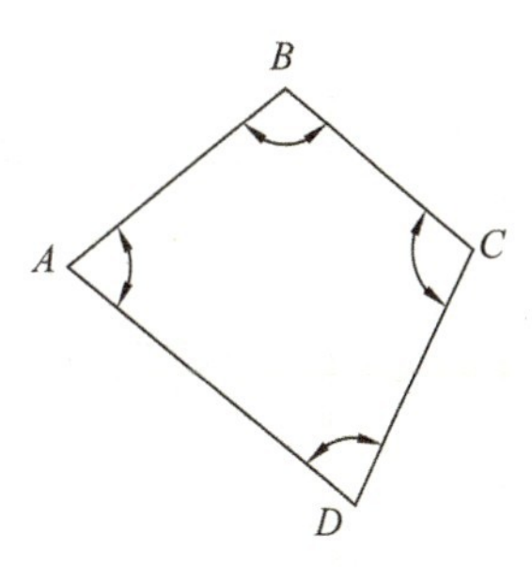

在 A 点整平、对中经纬仪—盘左顺时针测—盘右逆时针测。

六、注意事项

（1）目标不能瞄错，并尽量瞄准目标下端。

（2）立即计算角值，如果超限，应重测。

七、实验问答

（1）分微尺读数可直接读到__________，估读到__________。

（2）照准和读数都要消除__________。

(3) 竖盘位于望远镜的左边称为__________________，竖盘位于望远镜的右边称为____________。

(4) 同一测回中，照准部水准管气泡偏离不得超过_______格，若超过应__________________。

(5) 用测回法测角，各测回起始读数递增 $180°/n$ 的目的是____________________。

(6) 水平角观测时，若右目标读数小于左目标读数，应如何计算角值？

八、应交成果

测回法水平角观测手簿

组别：　　　　　　　　仪器号码：　　　　　　　　　　　　　　　　　年　　月　　日

<table>
<tr><th>测站</th><th>竖盘位置</th><th>目标</th><th>水平度盘读数</th><th>半测回角值</th><th>一测回角值</th><th>备注</th></tr>
<tr><td rowspan="4"></td><td rowspan="2"></td><td></td><td></td><td rowspan="2"></td><td rowspan="4"></td><td rowspan="4"></td></tr>
<tr><td></td><td></td></tr>
<tr><td rowspan="2"></td><td></td><td></td><td rowspan="2"></td></tr>
<tr><td></td><td></td></tr>
<tr><td rowspan="4"></td><td rowspan="2"></td><td></td><td></td><td rowspan="2"></td><td rowspan="4"></td><td rowspan="4"></td></tr>
<tr><td></td><td></td></tr>
<tr><td rowspan="2"></td><td></td><td></td><td rowspan="2"></td></tr>
<tr><td></td><td></td></tr>
<tr><td rowspan="4"></td><td rowspan="2"></td><td></td><td></td><td rowspan="2"></td><td rowspan="4"></td><td rowspan="4"></td></tr>
<tr><td></td><td></td></tr>
<tr><td rowspan="2"></td><td></td><td></td><td rowspan="2"></td></tr>
<tr><td></td><td></td></tr>
<tr><td rowspan="4"></td><td rowspan="2"></td><td></td><td></td><td rowspan="2"></td><td rowspan="4"></td><td rowspan="4"></td></tr>
<tr><td></td><td></td></tr>
<tr><td rowspan="2"></td><td></td><td></td><td rowspan="2"></td></tr>
<tr><td></td><td></td></tr>
<tr><td colspan="7">辅助计算：</td></tr>
</table>

实训五　竖直角观测和竖盘指标差检验

一、实训目的和要求

(1) 练习竖直角观测、记录、计算的方法。

(2) 了解竖盘指标差的计算。

(3) 同一组所测得的竖盘指标差的互差不得超过$\pm 25''$。

二、能力目标

能够掌握竖直角观测的方法，会计算竖盘指标差。

三、仪器和工具

DJ_6 经纬仪 1 台，记录板 1 块，伞 1 把。

四、实训任务

每组完成 2 个竖直角的观测任务。

五、要点与流程

1. 要点

(1) 竖直角观测时，注意经纬仪竖盘读数与竖直角的区别。

(2) 先观察竖直度盘注记形式并写出竖直角的计算公式：盘左位置，将望远镜大致放平，观察竖直度盘读数，然后将望远镜慢慢上仰，观察竖直度盘读数变化情况，观测竖盘读数是增大还是减小。

若读数减小，则 α＝视线水平时竖盘读数－瞄准目标时竖盘读数

若读数增大，则 α＝瞄准目标时竖盘读数－视线水平时竖盘读数

(3) 计算竖盘指标差：$x=\frac{1}{2}(\alpha_R-\alpha_L)$。

(4) 计算一测回竖直角：$\alpha=\frac{1}{2}(\alpha_L+\alpha_R)$。

2. 流程

在 A 点测 B 点的盘左竖盘读数—在 A 点测 B 点的盘右竖盘读数—计算 A 点至 B 点的竖直角，如右图所示。

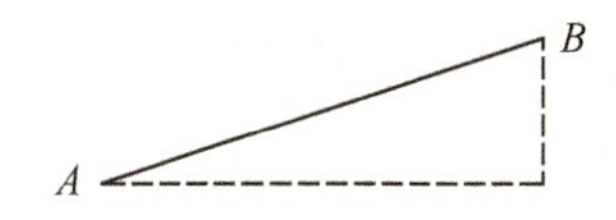

六、注意事项

(1) 对于具有竖盘指标水准管的经纬仪，每次竖盘读数前，必须使竖盘指标水准管气

泡居中。对于具有竖盘指标自动零装置的经纬仪，每次竖盘读数前，必须打开自动补偿器，使竖盘指标居于正确位置。

(2) 竖直角观测时，对同一目标应以中丝切准目标顶端(或同一部位)。

(3) 计算竖直角和指标差时，应注意正、负号。

七、实验问答

(1) 竖盘读数前，应使________________居中。

(2) 竖直角观测采用盘左、盘右观测，是为了计算____________，并消除其影响。

(3) 经纬仪提供水平视线的条件是________________________________。

(4) 天顶距和竖直角有什么关系？

(5) 用盘左、盘右观测一个目标的竖直角，其值相等吗？若不相等，说明了什么？应如何处理？

八、应交成果

竖直角观测手簿

组别：　　　　　　　仪器号码：　　　　　　　　　　　　　　　　年　　月　　日

测站	目标	竖盘位置	竖盘读数	半测回竖直角	指标差	一测回竖直角	各测回平均竖直角

实训六　钢尺量距与视距测量

一、实训目的和要求

(1) 钢尺量距时，读数及计算长度取至毫米。

(2) 钢尺量距时，先量取整尺段，最后量取余长。

(3) 钢尺往返丈量的相对精度应高于1/3000，取往返平均值作为该直线的水平距离，否则重新丈量。视距测量相对精度高于1/200合格。

二、能力目标

(1) 能用目估定线的方法进行钢尺量距。

(2) 能用视距测量的方法进行距离丈量。

三、仪器和工具

经纬仪1台，钢尺1把，测钎若干，花杆3个，水准尺1根，记录板1块，自备实训报告、笔、计算器等。

四、实训任务

每组在平坦的地面上，完成一段长60～100m的直线的往返丈量任务，并用经纬仪进行直线定线。

五、要点与流程

1. 钢尺量距实训步骤

(1) 要点：

① 用目估法进行直线定线时，有的仪器是成倒像的，有的仪器是成正像的。

② 丈量时，前尺手与后尺手要动作一致，用口令或手势来协调双方的动作。

(2) 流程：

往测：如下图所示，在A点架仪器，瞄准B点，在AB之间定点1、2，丈量各段距离。

返测：由B点向A点用同样方法丈量。

根据往测和返测的总长计算往返差数、相对精度，最后取往返总长的平均数。

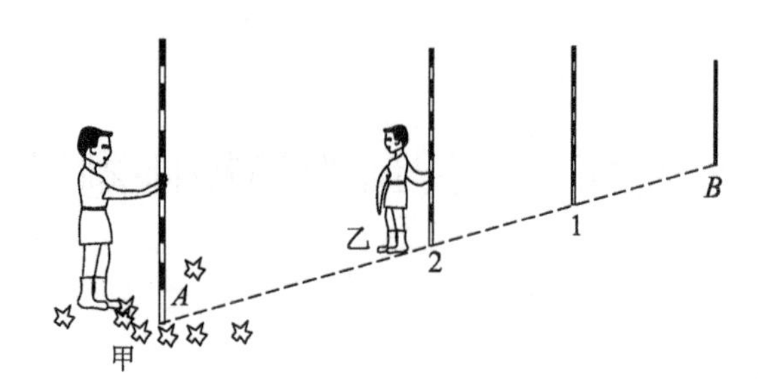

2. 视距测量实训步骤

(1) 如下图所示，在测站 A 上安置经纬仪，对中、整平后，量取仪器高 i(精确到厘)，设测站点地面高程为 H_A。

(2) 在 1、2 点上立水准尺，读取上、下丝读数 a、b，中丝读数 v(可取与仪器高相等，即 $v=i$)，竖盘读数 L，并分别记入视距测量手簿。竖盘读数时，竖盘指标水准管气泡应居中。

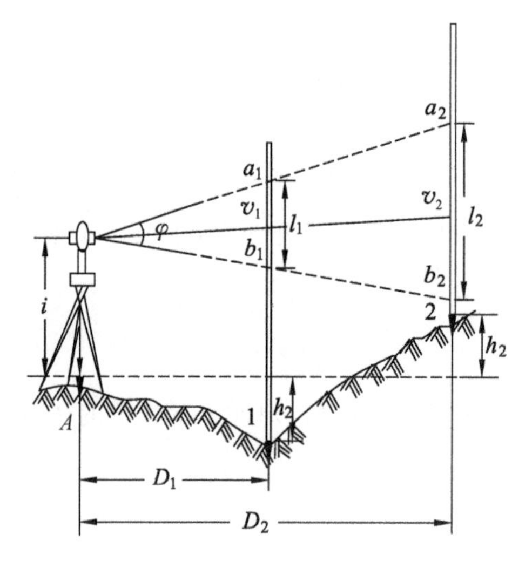

(3) 如下图所示，倾斜距离 $L=Kl\cos\alpha$，水平距离 $D=Kl\cos^2\alpha$，高差 $h=D\cdot\tan\alpha+i-v$，B 点的高程 $H_B=H_A+h$。式中 $K=100$，$l=a-b$，α 为竖直角。

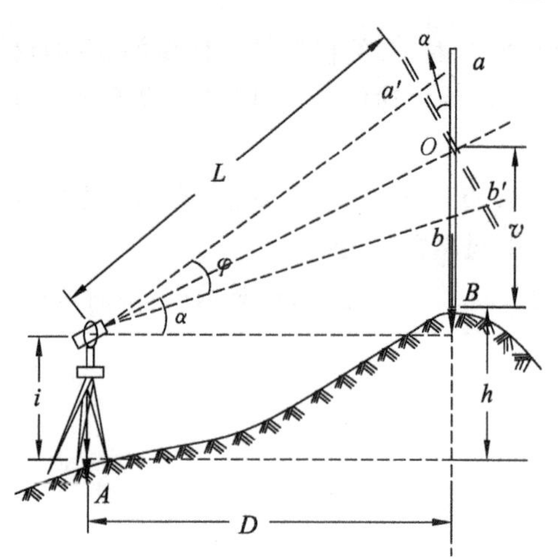

六、注意事项

(1) 钢尺量距的原理简单，但在操作上容易出错。

要做到三清：零点看清——尺子零点不一定在尺端，有些尺子零点前还有一段分划，必须看清；读数认清——尺上读数要认清 m、dm、cm 的注字和 mm 的分划数；尺段记清——尺段较多时，容易发生少记一个尺段的错误。

(2) 钢尺容易损坏，要保护好钢尺。

应做到四不：不扭，不折，不压，不拖。用毕擦净后才可卷入尺盒内。

七、应交成果

钢尺量距手簿

组别： 仪器号码： 年 月 日

测量起止点	测量方向	整尺/m	整尺数	余长/m	水平距离/m	往返较差/m	平均距离/m	精度

视距测量手簿

组别： 仪器号码： 仪器高 $i=$ 年 月 日

测站（高程）仪器高	目标	下丝读数 上丝读数 视距间隔	中丝读数	竖盘读数	竖直角	水平距离	高差	高程

实训七 闭合导线测量

一、实训目的和要求

(1) 掌握闭合导线的布设方法。

(2) 掌握闭合导线的外业观测方法和内业的计算步骤,并练习内业的计算。

二、能力目标

进行闭合导线控制测量工作,完成坐标方位角计算和闭合差判断、调整。

三、仪器和工具

J_2 光学经纬仪 1 台,测钎 2 个,钢尺 1 把,记录板 1 块。

四、实训任务

每组完成一闭合导线测量的外业工作,每人完成一份导线坐标计算。

五、要点与流程

1. 外业操作

(1) 闭合导线的折角,观测闭合图形的内角。

(2) 瞄准目标时,应尽量瞄准测钎的底部。

(3) 量边要量水平距离。

2. 内业计算

根据闭合导线实测数据和草图,进行如下计算:

(1) 角度观测值检核和改正计算:

① 角度闭合差:

n 边形闭合导线内角和的理论值应为:$\sum\beta_{理}=(n-2)\cdot 180°$。

角度闭合差用 f_β 表示:$f_\beta=\sum\beta-\sum\beta_{理}$。

② 角度闭合差的容许值:$f_{\beta_{容}}=\pm 60''\sqrt{n}$。

③ 角度闭合差分配:$v=\frac{f_\beta}{n}$。

(2) 坐标方位角推算:

$\alpha_{下}=\alpha_{上}{}^{+\beta(左)}_{-\beta(右)}+180°$

(3) 坐标增量计算:

$\Delta x'=D\cos\alpha$

$\Delta y'=D\sin\alpha$

(4) 坐标增量闭合差计算与调整：

① 坐标增量闭合差：

$\sum \Delta x_{理}=0$

$\sum \Delta y_{理}=0$

横坐标增量闭合差分别用 f_x 和 f_y 表示：

$f_x=\sum \Delta x'$

$f_y=\sum \Delta y'$

导线全长闭合差用 f_D 表示：$f_D=\sqrt{f_x^2+f_y^2}$。

导线全长相对闭合差用 K 表示：$K=\dfrac{f_D}{\sum D}=\dfrac{1}{\dfrac{\sum D}{f_D}}$。

② 导线全长相对闭合差容许值：

对图根控制测量来说，$K_{容}=1/2000$。

③ 坐标增量改正数：

$$\delta_{xi}=\frac{f_x}{\sum D}D_i$$

$$\delta_{yi}=\frac{f_y}{\sum D}D_i$$

改正数的代数和应满足：$\sum \delta_x=-f_x$，$\sum \delta_y=-f_y$。

④ 改正后的坐标增量：

$\Delta x_i=\Delta x'_i+\delta_{xi}$

$\Delta y_i=\Delta y'_i+\delta_{yi}$

(5) 导线点坐标计算：

$x_{前}=x_{后}+\Delta x_i$

$y_{前}=y_{后}+\Delta y_i$

同法依次求出其他各点的坐标，最后推算回到起点的坐标。

六、注意事项

(1) 闭合导线的折角，观测闭合图形的内角。

(2) 瞄准目标时，应尽量瞄准测钎的底部。

(3) 量边要量水平距离。

(4)顺时针方向进行依次测量：测 A 角—测 B 角—测 C 角—测 D 角，如下图所示。

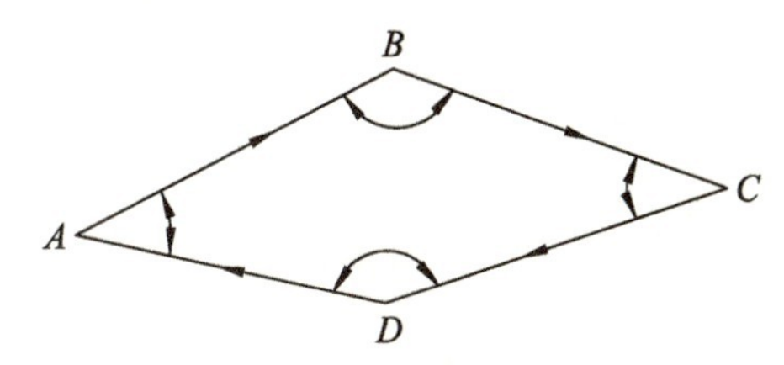

七、应交成果

闭合导线计算表

点号	观测角/°′″	改正数/″	改正后角值/°′″	坐标方位角/°′″	距离 D/m	纵坐标增量 Δx/m			横坐标增量 Δy/m			坐标值/m		点号
						计算值	改正数	改正后	计算值	改正数	改正后	x/m	y/m	
1	2	3	4	5	6	7	8	9	10	11	12	13	14	15
辅助计算														

实训八　直角坐标法测设平面点位

一、实训目的和要求

(1) 熟悉经纬仪或全站仪的操作。

(2) 掌握直角坐标法放样点平面位置的方法。

二、能力目标

能掌握经纬仪定线的应用及经纬仪点位的测设方法。

三、仪器和工具

经纬仪 1 台，花杆或测钎 2 个，钢尺 1 把，记录板 1 块(或全站仪 1 台、棱镜 2 个)，自备 HB 铅笔和计算器等。

四、实训任务

建筑物附近已有互相垂直的建筑基线或建筑方格网时，可采用直角坐标法确定点的平面位置。每组根据附录总图与详图内容，根据已有的控制点，采用直角坐标法放样一个矩形的 4 点。

五、要点与流程

1. 流程

如右图所示，用直角坐标法放样出 P、Q、R、S。

距离：$a=x_P-x_A$；$b=y_P-y_A$。

2. 现场测设

测设如右图所示的建筑物：

(1) 在 A 点安置经纬仪，瞄准 B 点，在 AB 方向线上分别量 b 得 1 点，再量 40m 得出 2 点。

(2) 把经纬仪搬到 1 点，瞄准 B 点，用盘左盘右测设 90°角，量 a 定出 P 点，再量 20m 定出 Q 点。同理，把仪器搬到 2 点，同样方法定出 S、R 点。

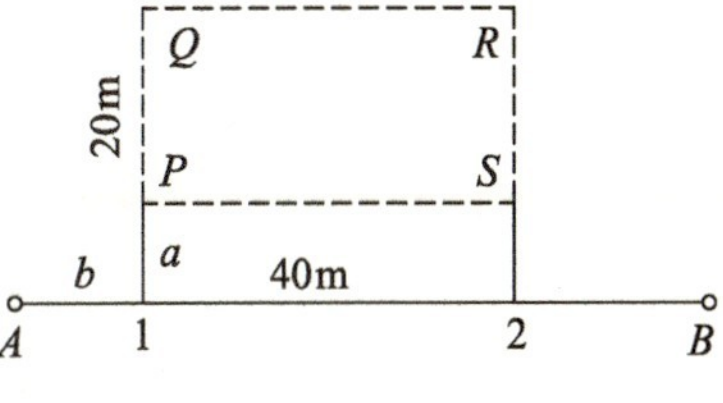

(3) 检查：量长边、短边以及对角线的长度，相对误差应小于 1/2000。测任意房角，与 90°误差应小于±60″。

六、注意事项

精度的控制必须要精确，检查边、角能够在限差范围内为合格，熟练进行点位测设为优秀。

七、应交成果

点位测设检查计算表

组别：　　　仪器编号：　　　观测者：　　　记录者：　　　　　　年　　月　　日

项目	内容	计算		备注
测设数据计算	主要定位点(P) 离主要基线 点(1) 的坐标差	$\Delta x_{1P}=$ $\Delta y_{1P}=$		
测设后检查	四大角与设计值(90°)的偏差	$\Delta\angle P=$ $\Delta\angle R=$	$\Delta\angle Q=$ $\Delta\angle S=$	
	四条主轴线边与设计值的偏差	$\Delta D_{PQ}=$ $\Delta D_{PS}=$	$\Delta D_{QR}=$ $\Delta D_{SR}=$	

实训九　极坐标法测设点位

一、实训目的和要求

(1) 熟悉经纬仪的操作。

(2) 掌握极坐标法放样点平面位置的方法。

二、能力目标

能掌握经纬仪定线的应用和经纬仪点位的测设方法。

三、仪器和工具

经纬仪1台，花杆或测钎2个，钢尺1把，记录板1块（或全站仪1台、棱镜2个），自备HB铅笔和计算器等。

四、实训任务

(1) 计算点的平面位置的（极坐标法）放样数据。根据所给的假定条件和数据，先计算出放样元素。

(2) 用极坐标法放样。每组对计算出的放样元素进行测设，要求每组测设2个点。

(3) 计算完毕和测设完毕后，都必须进行认真的校核。

五、要点与流程

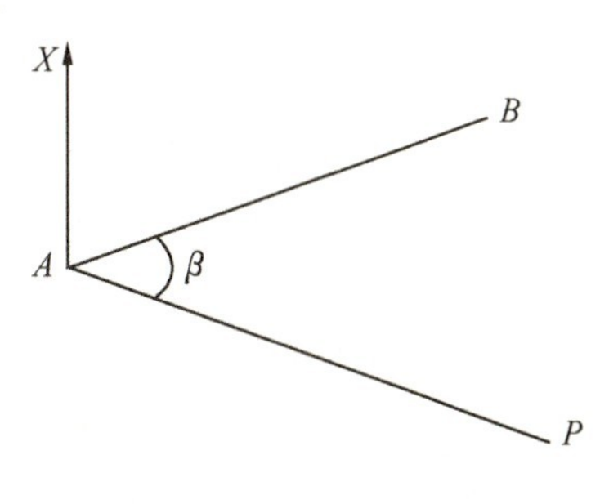

(1) 地面现场标定 $A(65.88,70.55)$，控制边方位角 $\alpha_{AB}=60°$，$P(35.00,89.66)$，计算点 P 的放样数据，测设 P 点位。

① 计算测设数据 β、D。先用坐标反算方法计算出 D_{AP} 和 α_{AP}，计算出 $\beta=\alpha_{AP}-\alpha_{AB}$。

② 安置经纬仪于 A 点，瞄准 B 点，顺时针测设水平角 β，在地面上标定出 AP 方向线。

③ 自 A 点开始，用钢尺沿 AP 方向线测设水平距离 D_{AP}，在地面上标定出 P 点的位置。

④ 检核 P 点的位置。

(2) 现场测设：

① 在 A 点安置经纬仪，将望远镜置于盘左，瞄准 B 点，制动，记录读数为 $a_{左}$。

② 松开制动螺旋，顺时针旋转望远镜 β（度盘此时的读数应为 $b_{左}=a_{左}+\beta$），制动，记录读数。沿着视线方向自 A 点开始，用钢尺丈量水平距离 D_{AP}，在地面上标定出 $P_{左}$ 点的

位置。

③ 松开制动螺旋，倒转望远镜，将水平度盘旋转 180°，盘左变盘右，瞄准 B 点，制动，记录读数为 $a_{右}$。

④ 松开制动螺旋，顺时针旋转望远镜 β（度盘此时的读数应为 $b_{右}=a_{右}+\beta$），制动，记录读数。沿着视线方向，自 A 点开始，用钢尺丈量水平距离 D_{AP}，在地面上标定出 $P_{右}$ 点的位置；

⑤ 检核，若 $P_{左}$ 和 $P_{右}$ 正好重合，则即为 P 点。若两点不重合，误差在限差范围内，则可取两点连线的中点为 P 点位。

六、注意事项

精度的控制必须要精确，检查边、角能够在限差范围内为合格，熟练进行点位测设为优秀。

七、应交成果

β 和 D 的计算过程：

实训十　高程测设

一、实训目的和要求

掌握建筑施工中高程测设的基本方法，采用水准仪准确找到需测设高程的位置。

二、能力目标

掌握测设已知高程点的方法，要求高程测设误差≤±5mm。

三、实训任务

高程测设是测设的基本工作，是一个测量人员必须掌握的内容。

四、仪器和工具

水准仪 1 台，水准尺 1 根，计算器 1 个，记录板 1 块。

五、要点与流程

1. 高程测设的方法

测设前，首先应弄清测设的距离数据，即设计的高程值 $H_{设}$；然后弄清现场已知高程点的位置以及待测设高程的物体。如下图所示，在 A 点距 P_1、P_2 点大致等距离处安置水准仪，在 A 点木桩上竖立水准尺，读得后视读数 a，根据 A 点的高程 H_A，求得水准仪的视线高程 $H_i=H_A+a$。

根据 P_1、P_2 点的高程，计算前视点的应有读数为：$b=H_i-H_1$。

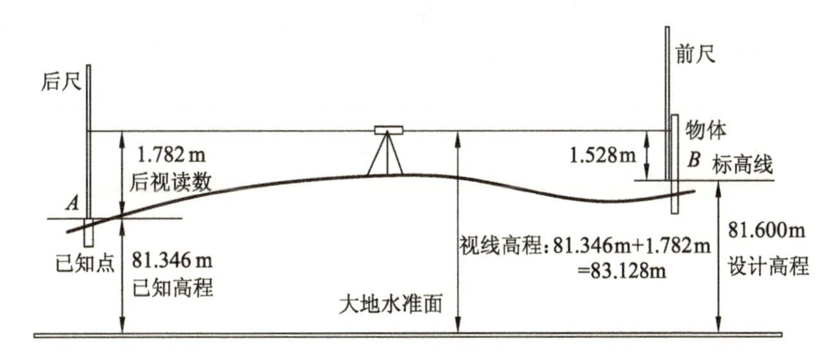

2. 举例

(1) 如上图所示，在实训场地上由教师指定待测设高程的地物（如墙、柱、杆、桩等），选定一已知水准点 A，假设其高程为 $H_A=81.346$m，需要放样点 P_1 的设计高程 $H_{P_1}=81.600$m。

(2) 在与水准点 A 和待测设高程点 P_1 距离基本相等的地方安置水准仪，粗略调平。在 A 点上放置水准尺，精平后读取水准尺的读数为 a。

(3) 计算仪器视线高程 $H_1 = H_A + a$。

(4) 计算点 P_1 的放样数据：$b = H_A + a - H_{P_1} = 1.528\text{m}$。

(5) 将水准尺紧贴在待测设高程的地物侧面，前视该标尺，调整水准管气泡居中，上下慢慢移动标尺，当前视读数为 b 时，用铅笔沿标尺底部在地物上画一条线，该线条的高程即为测设高程 $H_{P_1} = 81.600\text{m}$ 标志的位置。

六、注意事项

(1) 本次实训的难点是精度的控制，测量误差≤±5mm 即为合格。

(2) 操作规范、配合默契，完成任务越快成绩越好。

七、应交成果

1. 读后视读数并计算测设数据

水准测量记录表

已知水准点高程 H_A：　　　　后视读数 a：　　　　仪器视线高程 $H_A + a$：

待测高程点名	设计高程 H_i /m	前视读数 $(H_A + a) - H_i$ /m	备注
P_1			测量误差应≤±5mm
P_2			
P_3			
P_4			

注：表格中字符可以根据实际情况更改。

2. 测设后检查

用钢尺量得点 P_1 与点 P_2 的实际高差为：________________。

根据设计高程算得点 P_1 与点 P_2 的高差为：________________。

两者相差为：________________。

第二部分　拓展实训部分

实训一　水准仪的检验与校正

一、实训目的和要求

(1) 了解微倾式水准仪各轴线应满足的条件。

(2) 掌握水准仪检验和校正的方法。

(3) 要求校正后，i 角值不超过 20″，其他条件校正到无明显偏差为止。

二、能力目标

各小组成员要求熟悉水准仪自身的使用条件，能够利用所学知识和方法正确判断仪器所处的状态。

三、仪器和工具

DS_3 水准仪 1 台，水准尺 2 根，尺垫 2 个，钢尺 1 把，校正针 1 根，小螺丝旋具 1 个，记录板 1 块。

四、实训任务

每组完成圆水准器、十字丝横丝、水准管平行于视准轴(i 角)三项基本检验。

五、要点与流程

1. 要点

进行 i 角检验时，要仔细测量，保证精度，才能把仪器误差与观测误差区分开来。

2. 流程

圆水准器检校—十字丝横丝检校—水准管平行于视准轴(i 角)检校。

六、注意事项

(1) 检校水准仪时，必须按上述的规定顺序进行，不能颠倒。

(2) 拨动校正螺钉时，一律要先松后紧，一松一紧，用力不宜过大。校正完毕时，校正螺钉不能松动，应处于稍紧状态。

七、应交成果

1. 圆水准器轴平行于仪器竖轴的检验与校正

提示：如下图所示，转动脚螺旋，使圆水准器气泡居中，然后将仪器绕竖轴旋转180°。如果气泡仍居中，则条件满足；如果气泡偏出分划圈外，则需校正。

圆水准器气泡居中后，将望远镜旋转180°后，气泡__________（填“居中”或“不居中”）。

校正方法：____。

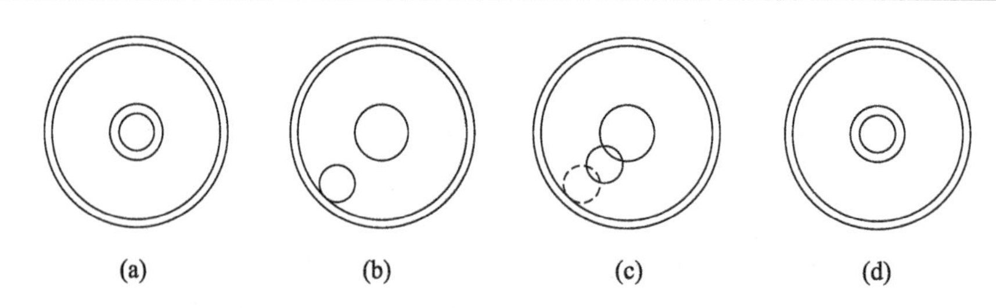

2. 十字丝中丝垂直于仪器竖轴的检验与校正

提示：如下图所示，在墙上找一点，使其恰好位于水准仪望远镜十字丝左端的横丝上，旋转水平微动螺旋，用望远镜右端对准该点，观察该点________（填“是”或“否”）仍位于十字丝右端的横丝上。

校正方法：____。

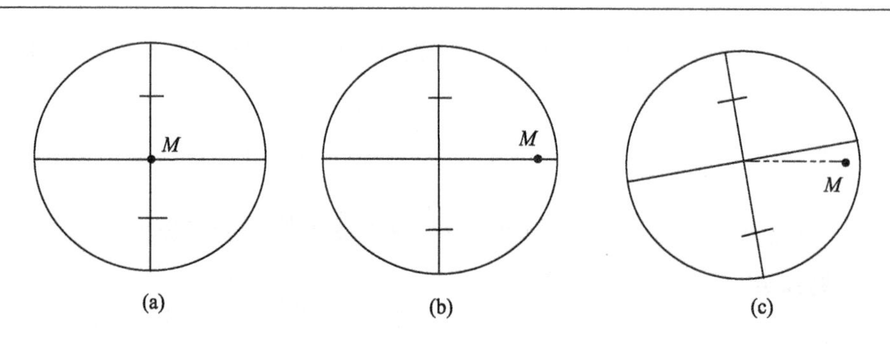

3. 水准管平行于视准轴（i角）的检验

提示：如下图所示，仪器架在C点，测高差$h_1=a_1-b_1$，改变仪器高度，又读得a'_1和b'_1，得高差$h'_1=a'_1-b'_1$。若$h_1-h'_1\leqslant\pm3$mm，则取两次高差的平均值作为正确高差h_{AB}。

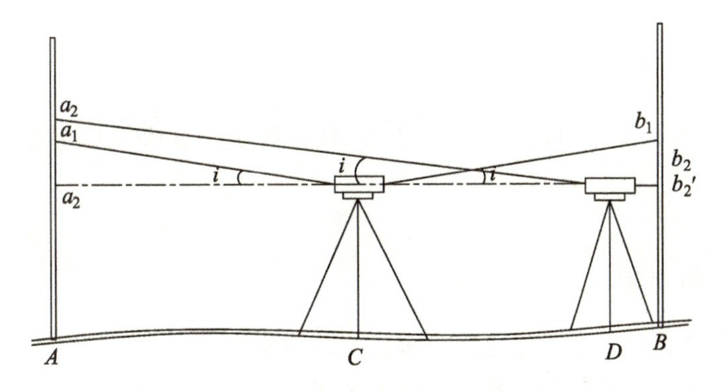

水准管轴平行于视准轴的检验记录

<table>
<tr><td></td><td colspan="2">立尺点</td><td>水准尺读数</td><td>高差</td><td>平均高差</td><td>是否要校正</td></tr>
<tr><td rowspan="4">仪器架在 A、B 点中间位置 C</td><td colspan="2">A</td><td>$a_1=$</td><td rowspan="2">$h_1=$</td><td rowspan="4">h_{AB}</td><td rowspan="7">i 角值 $\geqslant\pm20''$，则需校正</td></tr>
<tr><td colspan="2">B</td><td>$b_1=$</td></tr>
<tr><td rowspan="2">变更仪器高后</td><td>A</td><td>$a'_1=$</td><td rowspan="2">$h'_1=$</td></tr>
<tr><td>B</td><td>$b'_1=$</td></tr>
<tr><td rowspan="4">仪器架在离 B 点较近的位置</td><td colspan="2">A 实际读数 a_2</td><td></td><td colspan="2" rowspan="3"></td></tr>
<tr><td colspan="2">B 实际读数 b'_2</td><td></td></tr>
<tr><td colspan="2">A 点理论值 $a'_2=b'_2+h_{AB}$</td><td></td></tr>
<tr><td colspan="2">$i=(a_2-a'_2)\rho/D_{AB}$</td><td colspan="4"></td></tr>
</table>

实训二　经纬仪的检验与校正

一、实训目的和要求

(1) 了解经纬仪的主要轴线之间应满足的几何条件。

(2) 掌握光学经纬仪检验与校正的基本方法。

二、能力目标

各小组成员要求熟悉经纬仪自身的使用条件，能够利用所学知识和方法正确判断仪器所处的状态。

三、仪器和工具

DJ_6 经纬仪 1 台，校正针 1 枚，小螺丝旋具 1 把，记录板 1 块。

四、实训任务

每组完成经纬仪的检验与校正任务(照准部水准管轴、十字丝竖丝、视准轴、横轴、光学对中器、竖盘指标差)。

五、要点与流程

1. 要点

经纬仪检验时，要以高精度要求观测。竖直角观测时，注意经纬仪竖盘读数与竖直角的区别。

2. 流程

检验与校正：照准部水准管轴—十字丝竖丝—视准轴—横轴—光学对中器—竖盘指标差。

六、注意事项

(1) 按实验步骤进行各项检验与校正，顺序不能颠倒。检验数据正确无误才能进行校正。校正结束时，各校正螺钉应处于稍紧状态。

(2) 选择仪器的安置位置时，应顾及视准轴和横轴的两项检验，既能看到远处水平目标，又能看到墙上高处目标。

七、应交成果

1. 照准部水准管轴的检验

用脚螺旋使照准部水准管气泡居中后，将经纬仪的照准部旋转 180°，照准部水准管气泡偏离________格。

2．十字丝竖丝的检验与校正

在墙上找一点，使其恰好位于经纬仪望远镜十字丝上端的竖丝上，旋转望远镜上下微动螺旋，用望远镜下端对准该点，观察该点________（填“是”或“否”）仍位于十字丝下端的竖丝上，如图(a)、(b)所示。十字丝竖丝的校正如图(c)所示。

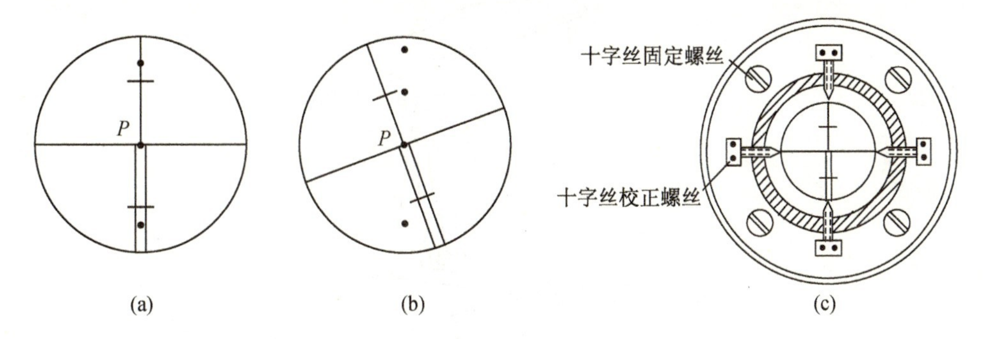

3．视准轴的检验

在平坦地面上选择相距约 100m 的 A、B 两点，在 AB 连线中点 O 处安置经纬仪，如下图所示，并在 A 点设置一瞄准标志，在 B 点横放一根直尺，使直尺垂直于视线 OB。用盘左位置瞄准 A 点，倒镜在 B 点尺上读得 B_1；用盘右位置再瞄准 A 点，倒镜再在 B 点尺上读得 B_2。经计算，若 $c>60''$，则需要校正。

用皮尺量得 $D=$________。

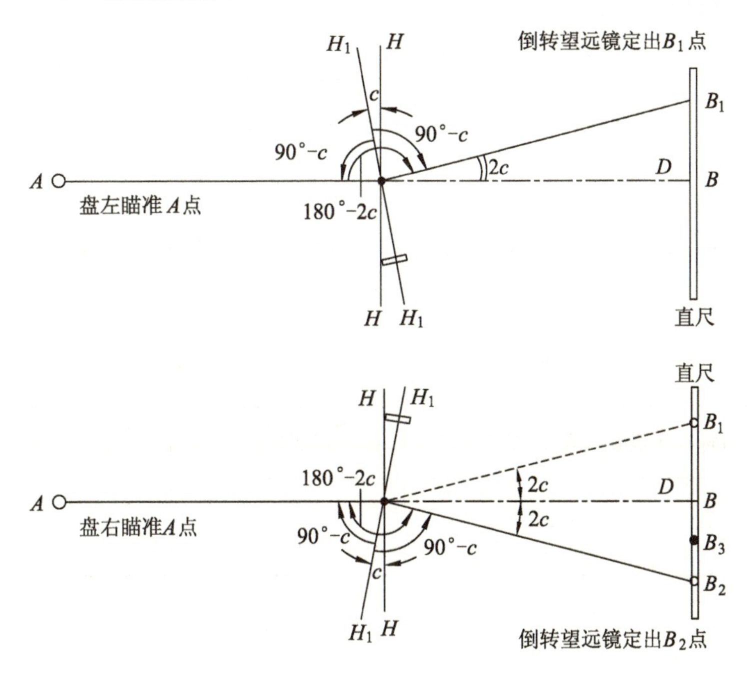

B_1 处读数为：________，B_2 处读数为：________，$B_1B_2=$________。

经计算得：$c''=\dfrac{B_1B_2}{4D}\rho''=$________。

4. 横轴的检验

在离墙面20～30m处安置经纬仪，盘左瞄准墙上高处一目标 P(仰角约30°)，放平望远镜，在墙面上定出 A 点；盘右再瞄准 P 点，放平望远镜，在墙面上定出 B 点，如下图所示。如果 A、B 重合，则说明条件满足；如果 A、B 相距大于5mm，则需要校正。

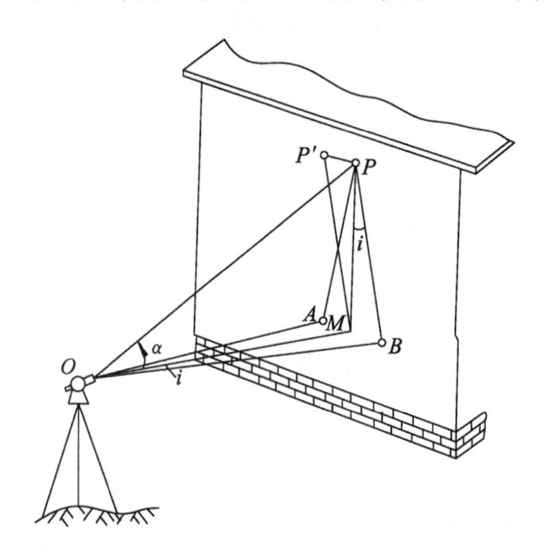

(1) 用皮尺量得 O 点至 PM 点间的距离 $D=$__________ m。

(2) 用经纬仪测得竖直角为：____________________。

(3) 用小钢尺量得：$P_1P_2=$____________________。

(4) 经计算得：$i''=\dfrac{P_1P_2}{2D\cdot\tan\alpha}\cdot\rho''=$____________________

由于横轴校正设备密封在仪器内部，该项校正应由仪器维修人员进行。

5. 指标差的检验与校正

整平经纬仪，盘左、盘右观测同一目标点 P，转动竖盘指标水准管微动螺旋，使竖盘指标水准管气泡居中，读记竖盘读数 L 和 R，按下式计算竖盘指标差：

$$x=\frac{1}{2}(L+R-360°)$$

当竖盘指标差 $x>1'$ 时，则需校正。

点	目标	竖盘位置	竖盘读数 /° ′ ″	半测回竖直角 /° ′ ″	指标差 /″	一测回竖直角 /° ′ ″
		左				
		右				

实训三 用经纬仪测定学校旗杆的高度（自主设计）

一、实训目的和要求

（1）进一步熟练经纬仪的操作，掌握用经纬仪配合水准尺操作，将经纬仪视距法进行知识的延伸。

（2）掌握观测、记录与计算方法。

二、能力目标

掌握经纬仪的操作方法，配合水准尺的读数技巧，经纬仪提供水平视线的调整方法。

三、仪器和工具

____。

四、实训任务

观察校园内的旗杆，请利用经纬仪配合水准尺测定出旗杆的高度。

五、要点与流程

1. 外业操作

（1）如下图所示，在 O 点安置经纬仪，对中整平。在 A 点处放置水准尺，零端点在最下面，保证尺身竖直。

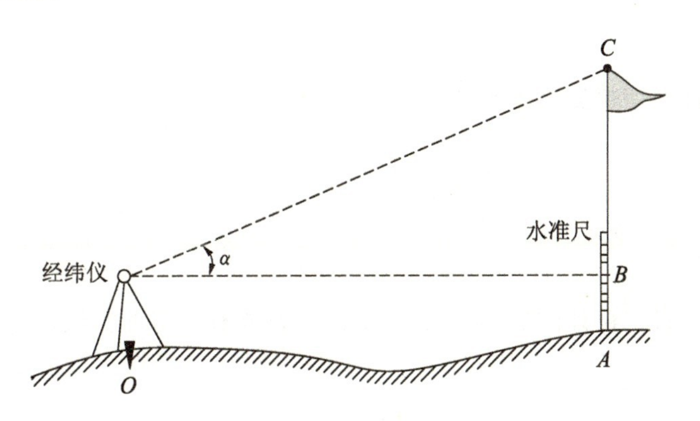

（2）调整经纬仪的____________________居中，将经纬仪视线调至严格水平，读取________________。（将数据填入表 1）

（3）将经纬仪的____________________居中，置于______，向上转动望远镜，照准待测高度的点位 C，读取________________。（将数据填入表 2）

(4) 将经纬仪的____________________居中，置于________，向上转动望远镜，照准______________，读取________________。(将数据填入表 2)

表 1

水准尺读数 竖盘位置	上丝读数/m	中丝读数/m	下丝读数/m
盘左			
盘右			

表 2

竖盘位置	竖盘读数/° ′ ″		
盘左			
盘右			

2. 内业计算

(1) OA 之间的水平距离 $D_{OA}=$____________。

(2) AB 之间的竖直距离 $h_{AB}=$____________。

(3) 竖直角 $\alpha=$____________。

(4) 计算建筑物 AC 之间的纯高度 $h_{AC}=$__________。

六、注意事项

____

____。

七、实验问答

1. 如何保证经纬仪提供水平视线？

2. 通过本次自主设计的操作，对自己的测量技能有何帮助？谈谈自己的实习感想。

实训四　四等水准测量（双仪高法）

一、实训目的和要求

（1）练习等外水准测量（改变仪器高法）的观测、记录、计算和检核方法。

（2）从一已知水准点 BM1 开始，沿各待定高程点 2、3、4，进行闭合水准路线测量，高差闭合差的容许值为：

$$W_{hp}=\pm 12\sqrt{n}$$

$$W_{hp}=\pm 40\sqrt{L}$$

如观测成果满足精度要求，对观测成果进行整理，推算出 2、3、4 点的高程。

二、能力目标

掌握三、四精密水准点的布设与测量方法，测量结果达到三、四等水准测量的精度要求。

三、仪器和工具

DS_3 水准仪 1 台，水准尺 2 根，尺垫 2 个，记录板 1 块，伞 1 把。

四、实训任务

按四等水准测量要求，每组完成一个闭合水准环的观测任务。

五、要点与流程

（1）在地面上选定 2、3、4 三点作为待定高程点，BM1 为已知高程点。

（2）在 BM1 与 TP1 之间安置水准仪，目估前、后视的距离大致相等，进行粗略整平和目镜对光，观测者按下列顺序观测：

① 后视立于 BM1 上的水准尺，瞄准、精平、读后视读数，记入观测手簿。

② 前视立于 TP1 上的水准尺，瞄准、精平、读前视读数，记入观测手簿。

③ 改变水准仪高度 10cm 以上，重新安置水准仪，粗略整平。

④ 前视立于 TP1 上的水准尺，瞄准、精平、读前视读数，记入观测手簿。

⑤ 后视立于 BM1 上的水准尺，瞄准、精平、读后视读数，记入观测手簿。

（3）当场计算高差，记入相应栏内。两次仪器高测得高差之差 Δh 不超过 ± 5mm，取其平均值作为平均高差。

（4）用相同方法，沿选定的路线依次设站，经过 2、3、4 点连续观测，最后仍回到 BM1。

（5）进行计算检核，即后视读数之和减前视读数之和应等于平均高差之和的两倍。

（6）计算高差闭合差，并对观测成果进行整理，推算出 2、3、4 点坐标。

六、注意事项

（1）水准尺必须立直。尺子的左、右倾斜，观测者在望远镜中根据纵丝可以发觉，而尺子的前后倾斜则不易发觉，立尺者应注意。

（2）瞄准目标时，注意消除视差。

（3）仪器迁站时，应保护前视尺垫。在已知高程点和待定高程点上，不能放置尺垫。

（4）双仪高法：同一测站用两次不同的仪器高度，测得两次高差来相互比较进行检核。即测得第一次高差后，改变仪器高度10cm以上，重新安置水准仪，再测一次高差。两次高差之差不超过容许值（图根水准测量为6mm），取其中数作为最后结果，否则应重测。

七、应交成果

水准测量记录计算手簿

组别：　　　　　　　　　　仪器号码：　　　　　　　　　　年　月　日

测站	测点	水准尺读数/m		高差/m	平均高差/m	改正数/mm	改正后高差/m	高程/m	备注
		后视读数/m	前视读数/m						
	Σ								
计算	$\sum a-b=$　　$(\sum a-b)/2=$ $\sum h=$　　$\sum (h/2)=$　　$H_{终}-H_{始}=$								
成果检核									

实训五　四等水准测量（双面尺法）

一、实训目的和要求

（1）进一步熟练水准仪的操作，掌握用双面水准尺进行四等水准测量的观测、记录与计算方法。

（2）熟悉四等水准测量的主要技术指标，掌握测站及线路的检核方法。

视线高度＞0.2m；视线长度≤80m；前后视距差≤5m；前后视距累积差≤10m；红黑面读数差≤3mm；红黑面高差之差≤5mm，线路高差闭合差的容许值为$\pm 20\sqrt{L}$mm，L为线路总长（单位：km）。

二、能力目标

掌握三、四精密水准点的布设与测量方法，测量结果达到三、四等水准测量的精度要求。

三、仪器和工具

DS_3型水准仪1台，三脚架1副，2m木制红黑双面水准尺2根，记录板1块。

四、实训任务

在规定的时间内，4位同学为一组，独立完成指定的一条由1个已知高程点和3个待定点构成的闭合路线四等水准测量，并现场进行内业计算。

五、要点与流程

1. 测量要点

（1）顺序："后前前后（黑黑红红）"；一般一对尺子交替使用。

（2）读数：黑面"三丝法"（上、下、中丝）读数，红面仅读中丝。安置水准仪的测站至前、后视立尺点的距离，应该用步测使其相等。在每一测站，按下列顺序进行观测：

① 后视水准尺黑色面，读上、下丝读数，精平，读中丝读数。

② 前视水准尺黑色面，读上、下丝读数，精平，读中丝读数。

③ 前视水准尺红色面，精平，读中丝读数。

④ 后视水准尺红色面，精平，读中丝读数。

2. 分工要点

各实训小组的4个成员分别编号为1、2、3、4号（竞赛过程中不得变更）。每组4名同学每人分别完成一个测段（即两个点之间的路线）的观测和记录（一人观测另一人记录），每组的其中2名同学分别独立完成闭合水准计算，竞赛必须按编好的顺序进行。观测顺序及要求为:1 测段由本组 1 号选手独立进行仪器安置、观测,2 号选手进行记录、计算,3、4 号选手负责水准尺安置;2 测段由本组 2 号选手独立进行仪器安置、观测,3 号选手进行记录、计算,1、4 号选手负责水准尺安置;3 测段由本组 3 号选手独立进行仪器安置、观测,4 号选手进行记录、计算,1、2 号选手负责水准尺安置;4 测段由本组 4 号选手独立进行仪器安置、观测,1 号选手进行记录、计算,2、3 号选手负责水准尺安置;由 3 号和 4 号选手分别独立进行四等水准测量成果计算,完成后交 1 号选手核对。

3. 基本技术要求

(1) 根据国家规范,结合本次竞赛实际,四等水准的观测和计算限差基本技术要求如下表所示:

四等水准的观测和计算限差基本技术要求

项目 等级	视线长度/m	前后视距差/m	前后视距累积差/m	视线离地面最低高度/m	红黑面读数差/mm	红黑面高差之差/mm	闭合路线闭合差/mm
四等	≤80	≤5.0	≤10.0	≥0.2	≤3.0	≤5.0	$\leq 20\sqrt{L}$

(2) 四等水准观测时前、后视距离必须读取上、下丝读数计算,上、下丝读数应记录在手薄中。

(3) 四等水准观测顺序按“后—后—前—前”进行,采用单程观测;在没有换站时,后视尺不得移动,每测段的测站数必须为偶数站。

(4) 高差的计算采用“奇进偶舍”的原则;记录、计算时的占位“0”必须填写。

(5) 待测点高程值限差≤±10mm。

六、注意事项

(1) 四等水准测量比工程水准测量有更严格的技术规定,要求达到更高的精度,其关键在于:前后视距相等(在限差以内);从后视转为前视(或相反),望远镜不能重新调焦;水准尺应完全竖直,最好用附有圆水准器的水准尺。

(2) 每站观测结束,应立即进行计算和进行规定的检核,若有超限,则应重测该站。全线路观测完毕,线路高差闭合差在容许范围以内,方可收测,结束实验。

(3) 观测数据应现场准确无误地记录到记录表相应栏内,记录工整、符合记录规定、计算准确;高程和坐标计算结果取位至 0.001m;水平角观测不得改动秒值,度、分不得连环涂改;高差和距离测量不得改动厘米和毫米,分米、米以上数据不得连环涂改,如有违反均需扣分。

(4) 测量实训规范:参照 GB 50026—2007《工程测量规范》。

七、应交成果

四等水准测量观测记录表

编号 测站	点号	后尺 上丝	前尺 上丝	方向及尺号	标尺读数		K+黑 −红 /mm	高差 中数 /m	备注
		后尺 下丝	前尺 下丝		黑面	红面			
		后视距离	前视距离						
		视距差/m	累积差/m						
		(1)	(5)	后视	(3)	(4)	(13)		
		(2)	(6)	前视	(7)	(8)	(14)	(18)	
		(9)	(10)	后-前	(15)	(16)	(17)		
		(11)	(12)						
				后视					
				前视					
				后-前					
				后视					1号标尺的常数 K=
				前视					2号标尺的常数 K=
				后-前					
				后视					
				前视					
				后-前					
				后视					
				前视					
				后-前					

注：各测站高差中数取位至 1mm。

水准测量成果计算表

点号	路线长度/km	实测高差/m	改正数/mm	改正后高差/m	高程/m	备注
						已知点

实训六　建筑物轴线测设

一、实训目的和要求

掌握建筑轴线测设的基本方法。

二、能力目标

掌握用极坐标法测设轴线控制桩，掌握轴线控制桩的引测方法。

三、仪器和工具

DJ_6 经纬仪 1 台，DS_3 水准仪 1 台，30m 钢尺 1 把，测杆 1 根，水准尺 1 根，记录板 1 块，榔头 1 把，木桩 6 个，测钎 2 个，计算器 1 个，伞 1 把。

四、实训任务

根据下图中内容，采用极坐标放样的方法放样两个轴线点。

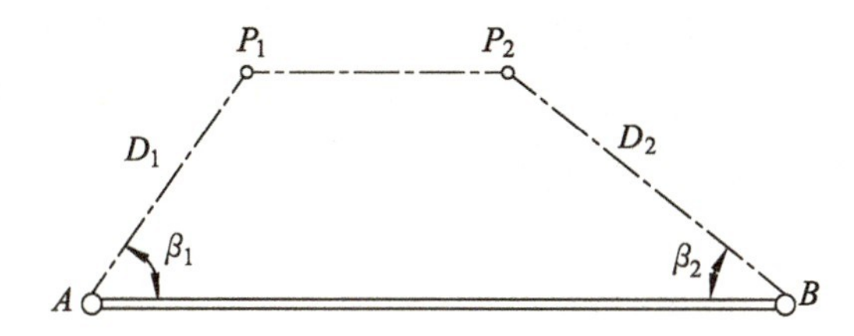

五、要点与流程

1. 布设控制点

如上图所示，在空旷地面选择一点，打下一木桩，桩顶画十字线，交点即为 A 点。从 A 点用钢尺丈量一段 50.000m 的距离定出一点，同样打木桩，桩顶画十字线，交点即为 B 点。设 A、B 点的坐标为：

$A(x_A=100.000\text{m}, y_A=100.000\text{m})$； $B(x_B=100.000\text{m}, y_B=150.000\text{m})$

设 A 点的高程 $H_A=10.000\text{m}$。

以上数据为控制点 A、B 的已知数据。

某建筑物轴线点 P_1、P_2 的设计坐标和高程为：

$P_1(x_1=108.360\text{m}, y_1=105.240\text{m}), H_1=10.150\text{m}$

$P_2(x_2=108.360\text{m}, y_2=125.240\text{m}), H_2=10.150\text{m}$

2. 测设数据的计算

根据控制点 A、B 用极坐标测设轴线点 P_1、P_2 的平面位置（见建筑物轴线的测设图样）。

3. 极坐标法轴线点平面位置的测设

(1) 如上图所示，在 A 点安置经纬仪，对中、整平后，瞄准 B 点，安置水平度盘读数为 0°00′00″；顺时针转动照准部，使水平度盘读数为($360°-\beta_1$)，用测钎在地面标出该方向，在该方向上从 A 点量水平距离 D_1，打下木桩；再重新用经纬仪标定方向和用钢尺量距，在木桩上定出 P_1 点。

(2) 在 B 点安置经纬仪，对中、整平后，瞄准 A 点，安置水平度盘读数为 0°00′00″；顺时针转动照准部，使水平度盘读数为 β_2，沿此方向从 B 点量取水平距离 D_2，打下木桩；再重新用经纬仪标定方向和用钢尺量距，在木桩上定出 P_2 点。

(3) 用钢尺丈量 P_1、P_2 两点间的距离，与根据两点设计坐标算得的水平距离 D_{12} 相比较，其相对误差应达到 1/3000。

六、注意事项

(1) 测设数据应独立计算，相互校核，证明正确无误后再进行测设。

(2) 轴线点的平面位置测设好以后应进行两点间的距离校核。

七、实验问答

(1) 极坐标法适用于__________而且便于量距的地方。工业建设场地厂房之间的__________常采用此法。

(2) 极坐标法的主要误差来源包括：________________误差对放样点位的影响、________________误差对放样点位的影响、________________误差对放样点位的影响、________________误差对放样点位的影响。

八、应交成果

极坐标法测设数据的计算表

边	坐标增量/m		水平距离 D/m	坐标方位角 α/° ′ ″	水平夹角 β/° ′ ″
	Δx	Δy			
A−B					
A−P_1					
B−A					
B−P_2					
P_1−P_2					

实训七　全站仪的使用

一、实训目的和要求

(1) 了解全站仪的构造、各部件的名称及作用。
(2) 熟悉全站仪的操作界面及作用。
(3) 了解全站仪使用的注意事项与维护方法。

二、能力目标

(1) 熟悉全站仪的构造、各部件的名称及作用。
(2) 熟悉全站仪的操作界面及作用。

三、仪器和工具

全站仪 1 台,棱镜 1 个,自备 2H 铅笔等。

四、实训任务

熟悉全站仪的键盘功能,掌握全站仪的基本使用方法。

五、要点与流程

1. 全站仪的认识

全站仪由照准部、基座、水平度盘等部分组成,采用光栅度盘,读数方式为电子显示,有功能操作键及电源,还配有数据通信接口。全站仪不仅能测角度还能测出距离、坐标以及一些更复杂的数据。

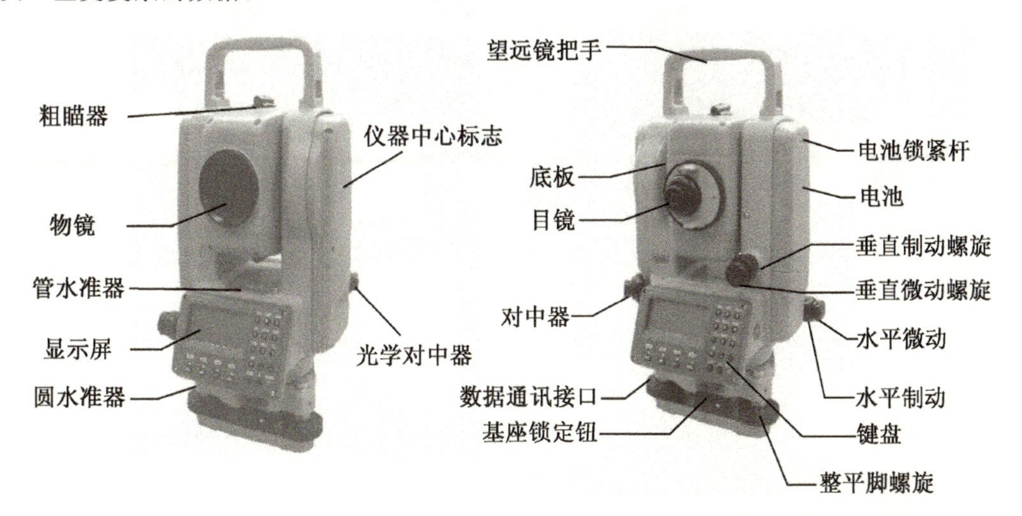

2. 全站仪的安置

(1) 安置全站仪于固定点上，对中、整平，量取仪器高。

(2) 安置测杆反光镜于另一固定点上，经对中、整平后，将反光镜朝向全站仪。

3. 全站仪的使用和功能介绍

(1) 确认仪器已经整平。

(2) 打开电源开关(POWER 键)。

确认显示窗中有足够的电池电量，当显示“电池电量不足”(电池用完)时应及时更换电池或对电池进行充电。

电池信息：

HR：170° 30′ 20″
HD：235.343 m
VD：36.551 m ☰
测量 模式 S/A P1↓

☰——电量充足，可操作使用。

〓——刚出现此信息时，电池尚可使用 1 小时左右；若不掌握已消耗的时间，则应准备好备用的电池或充电后再使用。

━——电量已经不多，尽快结束操作，更换电池并充电。

━闪烁到消失——从闪烁到缺电关机大约可持续几分钟，已无电，应立即更换电池并充电。

每次取下电池盒时，都必须先关掉仪器电源，否则仪器易损坏。

通过按 F1 (↓)或 F2 (↑)键可调节对比度，为了在关机后保存设置值，可按 F4 (回车)键。

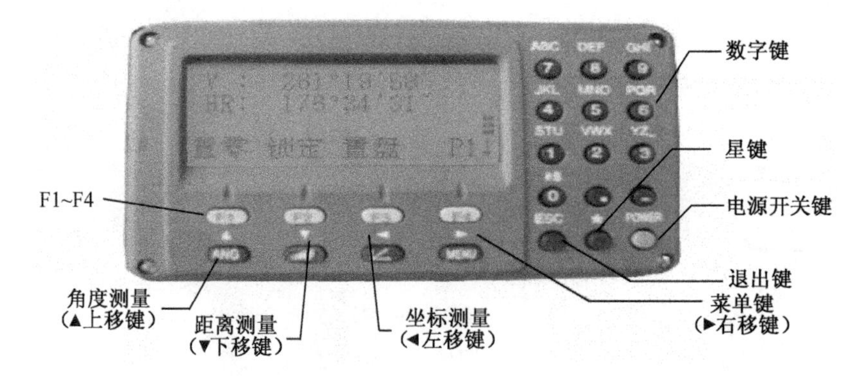

键盘符号如下表所示。

键盘符号

按键	名称	功 能
ANG	角度测量键	进入角度测量模式(▲上移键)
	距离测量键	进入距离测量模式(▼下移键)
	坐标测量键	进入坐标测量模式(◀左移键)
MENU	菜单键	进入菜单模式(▶右移键)
ESC	退出键	返回上一级状态或返回测量模式
POWER	电源开关键	电源开关
F1～F4	软键(功能键)	对应于显示的软键信息
0～9	数字键	输入数字和字母、小数点、负号
★	星键	进入星键模式,设置对比度、单位等参数

显示符号如下表所示。

显示符号

显示符号	内 容
V%	V表示竖盘读数,%表示百分比坡度
HR	水平角(右角,即角度顺时针方向增大)
HL	水平角(左角,即角度逆时针方向增大)
HD	水平距离
VD	高差
SD	倾斜
N	北向坐标(即X坐标)
E	东向坐标(即Y坐标)
Z	高程(即H高程)
*	EDM(电子测距)正在进行
m	以米为单位
ft	以英尺为单位
fi	以英尺与英寸为单位

距离测量模式(两个页面菜单)如下图和下表所示。

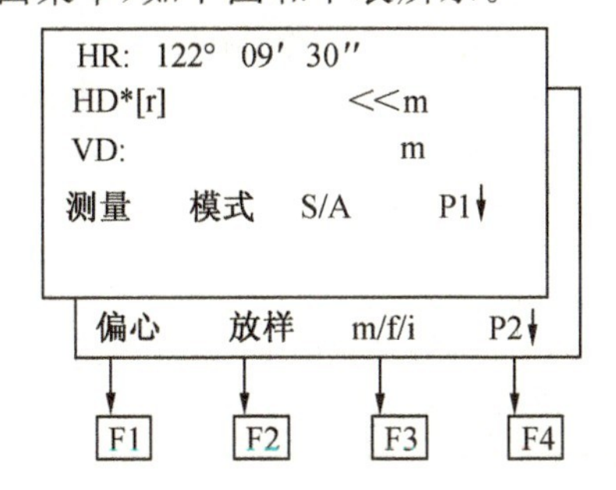

距离测量模式

页数	软键	显示符号	功　能
第 1 页（P1）	F1	测量	启动距离测量
	F2	模式	设置测距模式为精测/跟踪/…
	F3	S/A	温度、气压、棱镜常数等设置
	F4	P1↓	显示第 2 页软键功能
第 2 页（P2）	F1	偏心	偏心测量模式
	F2	放样	距离放样模式
	F3	m/f/i	距离单位的设置：米/英尺/英寸
	F4	P2↓	显示第 1 页软键功能

（1）设置温度和气压。

预先测得测站周围的温度和气压，如温度为+25℃，气压为 1017.5hPa。设置温度和气压的步骤如下表所示。

设置温度和气压

步骤	操作	操作过程	显　示
第 1 步	按◢键	进入距离测量模式	HR：170° 30′ 20″ HD：235.343 m VD：36.551 m 测量　模式　S/A　P1↓
第 2 步	按F3键	进入设置，用温度计和气压计测得测站周围的温度和气压	设置音响模式 PSM：0.0　PPM：2.0 信号：[|			|] 棱镜　PPM　T-P　———
第 3 步	按F3键	按F3键执行（T-P）	温度和气压设置 温度　—>　15.0℃ 气压：　1013.2 hPa 输入 ———　———　回车
第 4 步	按F1键输入温度，按F4键输入气压	按F1键执行（输入）输入温度与气压，按F4键执行（回车）确认输入	温度和气压设置 温度 ：—>　25.0℃ 气压：　1017.5 hPa 输入 ———　———　回车
备注	温度输入范围：−30℃～+60℃（步长 0.1℃）或−22℉～+140℉（步长 0.1℉）。 气压输入范围：560～1066hPa（步长 0.1hPa）或 420～800mmHg（步长 0.1mmHg）或 16.5～31.5inHg（步长 0.1inHg）。 如果根据输入的温度和气压算出的大气改正值超过±999.9ppm 范围，则操作过程自动返回到第 4 步，重新输入数据。		

(2) 棱镜常数的设置。

南方全站的棱镜常数的出厂设置为－30(mm)。若使用棱镜常数不是－30的配套棱镜,则必须设置相应的棱镜常数。一旦设置了棱镜常数,则关机后该常数仍被保存。棱镜常数在显示屏上的符号为“PSM”。测距和测坐标前,应查看一下PSM的值。如使用配套棱镜,其PSM应为－30,否则应重新设置。棱镜常数设置的步骤如下表所示。

棱镜常数的设置

步骤	操作	操作过程	显　示
第1步	按[F3]键	由距离测量或坐标测量模式按[F3](S/A)键	设置音响模式 PSM：－30.0　PPM：0.0 信号：[|			|] 棱镜　PPM　T-P　－－－
第2步	按[F1]键	按[F1](棱镜)键	棱镜常数设置 棱镜：　　0.0　mm 输入　－－－　－－－　回车
第3步	按[F1]键 输入数据 按[F4]键	按[F1](输入)键输入棱镜常数改正值*,按[F4]键确认,显示屏返回到设置模式	设置音响模式 PSM：－30　　PPM：0.0 信号：[|			|] 棱镜　PPM　T-P　－－－

注：* 输入范围：－99.9～＋99.9mm,步长0.1mm。

(3) 距离测量。

确认处于测角模式(如果是在测距模式,可能在照准过程中就会开始测距)。距离测量的步骤如下表所示。

距离测量

操作过程	操作	显　示
① 照准棱镜中心	照准	V：　90° 10′ 20″ HD：170° 30′ 20″ H－蜂鸣　R/L　竖角　P3↓
② 按[◢]键,距离测量开始,1～2秒钟后显示测距结果,其中： HD——水平距离, VD——高差(全站仪望远镜中心至棱镜中心)	按[◢]键	HR：　170° 30′ 20″ HD：[r]　　≪m VD：　　　m 测量　模式　S/A　P1↓ HR：　170° 30′ 20″ HD：　　235.343m VD：　　36.551m 测量　模式　S/A　P1↓

续表

操作过程	操作	显　示
显示测量的距离并记录，再次按◢键，显示斜距(SD)，同时显示水平角(HR)和垂直角(V)	按◢键	V：　90° 10′ 20″ HD：　170° 30′ 20″ SD：　241.551m 测量　模式　S/A　P1↓

如果测距连续不断地进行，说明此时全站仪处于“连续测量”模式，也叫“跟踪测量”模式。当连续测量不再需要时，可按 F1(测量)键，测量模式转化为“N 次测量”模式，也叫“精确测量”模式，此时仪器就按设置的次数进行测量，并显示出距离平均值。当输入测量次数为 1，因为是单次测量，仪器不显示距离平均值。再次按 F1(测量)键，模式转变为连续测量模式。

(4) 关于精测模式和跟踪模式的转换和设置。

精测模式和跟踪模式的转换如下表所示。

精测模式和跟踪模式的转换

操作过程	操作	显　示
① 在距离测量模式下按[F2](模式)*键，设置模式的首字符(F/T)	[F2]	HR：　170°30′20″ HD：　566.346m VD：　89.678m 测量　模式　S/A　P1↓
② 按[F1](精测)键精测，按[F2](跟踪)键跟踪测量	按[F1]－[F2]键	HR：　170°30′20″ HD：　566.346m VD：　89.678m 精测　跟踪　---　F HR：　170°30′20″ HD：　566.346m VD：　89.678m 测量　模式　S/A　P1↓

注：* 要取消设置，按[ESC]键。

这个转换在关机后不保留，如需要关机后仍被保留，应在全站仪开机进行相应的初始位置，具体方法如下：

按住[F4]键开机，然后根据菜单提示进行设置，如下表所示。

跟踪模式的设置

菜单	项目	选择项	内　容
模式设置	精测/跟踪	精测/跟踪	选择开机后的测距模式,精测/跟踪
	N次测量/复测	N次测量/复测	选择开机后测距模式,N次/重复测量
	测量次数	0—99	设置测距次数,若设置为1次,即为单次测量

设置完毕后重新开机。

六、注意事项

1. 全站仪的保管

(1) 仪器的保管由专人负责,每天现场使用完毕带回办公室,不得放在现场工具内。

(2) 仪器箱内应保持干燥,要防潮防水并及时更换干燥剂。仪器须放置在专门架上或固定位置。

(3) 仪器长期不用时,应1个月左右定期通风防霉并通电驱潮,以保持仪器良好的工作状态。

(4) 仪器放置要整齐,不得倒置。

2. 全站仪的使用

(1) 开工前应检查仪器箱背带及提手是否牢固。

(2) 开箱后提取仪器前,要看准仪器在箱内放置的方式和位置。装卸仪器时,必须握住提手。将仪器从仪器箱取出或装入仪器箱时,请握住仪器提手和底座,不可握住显示单元的下部。切不可拿仪器的镜筒,否则会影响内部固定部件,从而降低仪器的精度。应握住仪器的基座部分,或双手握住望远镜支架的下部。仪器用毕,先盖上物镜罩,并擦去表面的灰尘。装箱时各部位要放置妥帖,合上箱盖时应无障碍。

(3) 在太阳光照射下观测仪器,应给仪器打伞,并带上遮阳罩,以免影响观测精度。在杂乱环境下测量,仪器要有专人守护。当仪器架设在光滑的表面时,要用细绳(或细铅丝)将三脚架三个脚连起来,以防滑倒。

(4) 当架设仪器在三脚架上时,尽可能用木制三脚架,因为使用金属三脚架可能会产生振动,从而影响测量精度。

(5) 当测站之间距离较远时,搬站时应将仪器卸下,装箱后背着走。行走前要检查仪器箱是否锁好,检查安全带是否系好。当测站之间距离较近时,搬站时可将仪器连同三脚架一起靠在肩上,但仪器要尽量保持直立放置。

(6) 搬站之前,应检查仪器与脚架的连接是否牢固。搬运时,应把制动螺旋略微关住,使仪器在搬站过程中不致晃动。

(7) 仪器任何部分发生故障,不勉强使用,应立即检修,否则会加剧仪器的损坏程度。

(8) 元件应保持清洁,如沾染灰沙,必须用毛刷或柔软的擦镜纸擦掉。禁止用手指抚摸仪器的任何光学元件表面。清洁仪器透镜表面时,先用干净的毛刷扫去灰尘,再用干净的无线棉布沾酒精由透镜中心向外一圈圈地轻轻擦拭。除去仪器箱上的灰尘时切不可使用任何稀释剂或汽油,而应用干净的布块沾中性洗涤剂擦洗。

(9) 在湿环境中工作，作业结束，要用软布擦干仪器表面的水分及灰尘后装箱，回到办公室后立即开箱取出仪器放于干燥处，彻底晾干后再装箱内。

(10) 冬天室内、室外温差较大时，仪器搬出室外或搬入室内，应隔一段时间后才能开箱。

3. 电池的使用

全站仪的电池是全站仪最重要的部件之一，现在全站仪所配备的电池一般为Ni－MH(镍氢)电池和Ni－Cd(镍镉)电池，电池的好坏、电量的多少决定了外业时间的长短。

(1) 建议在电源打开期间不要将电池取出，因为此时存储数据可能会丢失，应在电源关闭后再装入或取出电池。

(2) 可充电池可以反复充电使用，但是如果在电池还存有剩余电量的状态下充电，则会缩短电池的工作时间。此时，电池的电压可通过刷新予以复原，从而改善作业时间，充足电的电池放电约需8小时。

(3) 不要连续进行充电或放电，否则会损坏电池和充电器，如有必要进行充电或放电，则应在停止充电约30分钟后再使用充电器。不要在电池刚充电后就进行充电或放电，有时这样会造成电池损坏。

(4) 超过规定的充电时间会缩短电池的使用寿命，应尽量避免电池剩余容量显示级别与当前的测量模式有关。在角度测量的模式下电池剩余容量够用，并不能够保证电池在距离测量模式下也够用，因为距离测量模式的耗电量高于角度测量模式，当从角度测量模式转换为距离测量模式时，由于电池容量不足，不时会中止测距。

总之，只有在日常的工作中，注意全站仪的使用和维护，注意全站仪电池的充放电，才能延长全站仪的使用寿命，使全站仪的功效发挥到最大。

七、实验练习

练习全站仪的对中、整平。

实训八 全站仪测距

一、实训目的和要求

能用全站仪进行距离测量。

二、能力目标

掌握全站仪测量距离的方法。

三、仪器和工具

全站仪 1 台，棱镜 1 个，自备 2H 铅笔，三脚架 2 个。

四、实训任务

利用全站仪测量指定两点之间的距离。

五、要点与流程

1. 点的布置

在地面上设置两个点位 A、B，分别测量两点间距离 D_{AB} 和 D_{BA}。

2. 在 A 点安置全站仪

(1) 松开三脚架，安置于 A 点测站上，高度适当，架头大致水平。打开仪器箱，双手握住仪器支架，将仪器取出，置于架头上。一手紧握支架，一手拧紧连接螺旋。

(2) 对中：平移三脚架，使螺旋大致对准测站点，并注意架头水平，拧紧三脚架。稍松连接螺旋，两手扶住基座，在架头上平移仪器，通过目镜瞄准、找准测站点，再拧紧连接旋钮。

(3) 整平：松开水平制动旋钮，转动照准部，使水准管平行于任意一对脚旋钮的线，两手同时向内(或向外)转动这两只脚旋钮，使气泡居中。将仪器绕竖轴转动 90°，使水准管垂直于原来两脚旋钮的连线，转动第三只脚旋钮，使气泡居中。如此反复调试，直到仪器转到任何方向，气泡中心不偏离水准管零点一格为止。

3. 瞄准目标

(1) 将望远镜对向天空(或白色墙面)，转动目镜使十字丝清晰。

(2) 用望远镜上的瞄准器瞄准目标，再从望远镜中观看，若目标位于视场内，可固定望远镜制动旋钮和水平制动旋钮。

(3) 转动物镜对光旋钮使目标影像清晰，再调节望远镜和照准部微动旋钮，用十字丝的纵丝平分目标(或将目标夹在双丝中间)。

(4) 眼睛微微左右移动，检查有无视差，若有，转动物镜对光旋钮予以消除。

注意：盘左瞄准目标，读出水平度盘读数，纵转望远镜，盘右再瞄准该目标读数，两次读数之差约为180°，以此检核瞄准和读数是否正确。

4. 进行测距操作

(1) 设置棱镜常数：测距前须将棱镜常数输入仪器中，仪器会自动对所测距离进行改正。

(2) 设置大气改正值或气温、气压值：光在大气中的传播速度会随大气的温度和气压而变化，15℃和760mmHg是仪器设置的一个标准值，此时的大气改正值为0ppm。实测时，可输入温度和气压值，全站仪会自动计算大气改正值(也可直接输入大气改正值)，并对测距结果进行改正。

(3) 量仪器高、棱镜高并输入全站仪。

(4) 距离测量：照准目标棱镜中心，按测距键，距离测量开始，测距完成时显示斜距、平距、高差。

(5) 全站仪的测距模式有精测模式、跟踪模式、粗测模式三种。精测模式是最常用的测距模式，测量时间约2.5s，最小显示单位为1mm；跟踪模式常用于跟踪移动目标或放样时连续测距，最小显示单位一般为1cm，每次测距时间约0.3s；粗测模式的测量时间约0.7s，最小显示单位为1cm或1mm。在距离测量或坐标测量时，可按测距模式(MODE)键选择不同的测距模式。应注意，有些型号的全站仪在距离测量时不能设定仪器高和棱镜高，显示的高差值是全站仪横轴中心与棱镜中心的高差。

5. 详细操作键盘的显示

(1) 在测量模式第1页菜单下按切换键，选取所需距离类型。每按一次切换键显示屏改变一次距离类型。

(2) 按斜距键开始距离测量，此时有关测距信息(测距类型、棱镜常数改正数、大气改正数和测距模式)将闪烁显示在显示窗上。

(3) 距离测量完成时仪器发出一短声响，并将测得的距离“S”、垂直角“ZA”和水平角“HAR”值显示出来。

重复测距时的结果显示：在N次精测求取平均值测量时，所得距离值显示为S-1，S-2……

(4) 进行重复测距结束后，显示距离值的平均值。若按停止，停止测距，显示最后一次的测距结果。在N次精测模式下，仪器在完成指定测距次数后，显示出距离值的平均值“S-A”。

注意：距离和角度的最新一次测量值将被存储在寄存器中，直到关闭电源才消失。这些存储于寄存器中的距离、竖直角、水平角、坐标值可以被调阅，使之显示在显示窗上，而且距离测量值可以通过按切换键使之在斜距、平距、高差间进行转换；如果测距模式设置为单次精测和N次精测=N，则完成指定的测距次数后将自动停止。

六、注意事项

进行距离测量之前请检查：

(1) 仪器已正确地安置在测站点上。

(2) 电池已充足电。

(3) 度盘指标已设置好。

(4) 仪器参数已按观测条件设置好。

(5) 大气改正数、棱镜常数改正数和测距模式已正确设置。

(6) 已准确照准棱镜中心，返回信号强度适宜测量。

七、应交成果

全站仪测距表

组别：　　　　　　　　全站仪号码：　　　　　　　　　　年　　月　　日

边名	测量	往测读数	返测读数	边名	测量	往测读数	返测读数
	1				1		
	2				2		
	3				3		
	平均值				平均值		
	往返平均				往返平均		
边名	测量	往测读数	返读数	边名	测量	往测读数	返读数
	1				1		
	2				2		
	3				3		
	平均值				平均值		
	往返平均				往返平均		

实训九　全站仪测水平角

一、实训目的和要求

能用全站仪进行水平角测量。

二、能力目标

掌握全站仪测量水平角的方法。

三、仪器和工具

全站仪1台，棱镜2个，自备2H铅笔，记录纸，三脚架，钉子，锤子。

四、实训任务

利用全站仪测量两个方向之间的水平夹角(利用两个测回进行观测)。

五、要点与流程

(1) 点的布置：在地面上设置三个点位 A、B、C。

(2) 在 A 点安置全站仪，对中整平。

(3) 盘左，瞄准目标 B 后，开启电源，进行键盘操作，并记入手簿。

① 设置棱镜高、仪器高、后视点、测站点。

② 设置测站点。

③ 设置后视点。

(4) 照准 C 目标，将显示屏中的角度值记入手簿。

(5) 同理进行盘右操作。

(6) 详细操作键盘的显示(案例)：

① 将已知方向置零。

a. 用水平制动钮和微动螺旋精确照准后视点，在测量模式第2页菜单下按置零键，置零出现闪烁时，再按一次置零键，将后视点方向置成零。

b. 精确照准前视点，所显示的“HAR”值为两点间的夹角。

② 利用置角功能将水平方向设置所需方向值(可以将仪器照准方向设置成任何所需方向值)。

a. 照准目标后，在测量模式第1页菜单下按置角键，等待输入已知方向值。其中，右角和左角分别用“HAR”和“HAL”表示。

b. 由键盘输入已知方向值后按ENT键，此时，显示的为输入的已知值。

输入规则如下：

当角度值为 90°30′20″时应输入 90.3020。

修改已输入的数据时，BS 表示删除光标左侧的一个字符，ESC 表示删除所输入的数据。

停止输入操作：ESC。

方位角计算：后视。

③ 利用锁角功能设置所需方向值。

a. 在测量模式下，使之显示出锁角功能。按“键功能分配”中介绍的方法将锁角定义到键上。

b. 用水平制动钮和微动手轮使显示窗内显示出所需方向值，按两次锁角，显示的“HAR”处于锁定状态。

c. 照准目标后按锁角键解锁，将照准方向设为所需方向值。

④ 水平角显示选择(左角/右角)。

水平角显示具有两种形式可供选择，即左角(逆时针角)和右角(顺时针角)。

进行此项操作，应首先按“键功能分配”中介绍的方法将左角(或右角)定义到键上。

a. 在测量模式下，使之显示出右角功能，此时水平角以右角“HAR”形式显示。

b. 按右角，水平角显示由右角“HAR”形式转换成左角“HAL”形式，此时屏幕下方显示为左角形式。二者的关系为：HAL＝360°－HAR。若再按左角，又转换成右角“HAR”形式，同时屏幕下方显示变为右角。

⑤ 水平角复测。

水平角复测可以获得更高精度的角度测量结果。

进行此项操作，应首先按“键功能分配”中介绍的测量模式的方法，将水平角复测功能定义到键上，然后再调用。

a. 在测量模式下，按复测进入水平角复测操作屏幕，此时水平角值为零。“后视读数”表示请照准后视点。

b. 照准后视点后按确定键，“前视读数”表示请照准前视点。

c. 照准前视点后按确定键，若取消观测结果重新进行测量，按取消键照准前视。

d. 第二次照准后视点后按确定键。

e. 第二次照准前视点后按确定键，两次测量水平角的累计值和平均值分别显示在第一行“和值”和第三行“均值” 上，第二行为复测次数。

注意：在水平角的复测中，即使设置了倾斜自动补偿为有效，仪器也不会对水平角进行倾斜补偿改正。

六、注意事项

(1) 仪器高度要和观测者的身高相适应；三脚架要踩实，仪器与三脚架连接要牢固，操作仪器时不要用手扶三脚架；转动照准部和望远镜之前，应先松开制动螺旋，使用各种螺旋时力度要轻。

(2) 精确对中，特别是对短边测角，对中要求应更严格。

(3) 当观测目标间高低相差较大时，更应注意仪器整平。

(4) 照准标志要竖直,尽可能用十字丝交点瞄准标杆或测钎底部。

(5) 全站仪的右角观测(水平度盘刻度顺时针编号)是指仪器的水平度盘在望远镜顺时针转动时水平角度增加,逆时针转动时水平角度减少;左角观测则正好相反。电子度盘的刻度可根据需要设置左、右角观测(一般为右角)。

(6) 记录要清楚,应当场计算,发现错误,立即重测。

(7) 一测回水平角观测过程中,不得重新整平;如气泡偏离中央超过 2 格,应重新整平与对中仪器,重新观测。

七、应交成果

全站仪测回法测水平角记录表

仪器号:　　　　天气:　　　　观测者:

日期:　　　　呈像:　　　　记录者:

<table>
<tr><th rowspan="2">测站</th><th rowspan="2">目标</th><th rowspan="2">竖盘位置</th><th rowspan="2">水平度盘读数
/°′″</th><th colspan="2">水平角</th><th rowspan="2">备注</th></tr>
<tr><th>半测回</th><th>一测回角值</th></tr>
<tr><td rowspan="4"></td><td></td><td rowspan="2"></td><td></td><td rowspan="2"></td><td rowspan="4"></td><td rowspan="4"></td></tr>
<tr><td></td><td></td></tr>
<tr><td></td><td rowspan="2"></td><td></td><td rowspan="2"></td></tr>
<tr><td></td><td></td></tr>
<tr><td rowspan="4"></td><td></td><td rowspan="2"></td><td></td><td rowspan="2"></td><td rowspan="4"></td><td rowspan="4"></td></tr>
<tr><td></td><td></td></tr>
<tr><td></td><td rowspan="2"></td><td></td><td rowspan="2"></td></tr>
<tr><td></td><td></td></tr>
<tr><td rowspan="4"></td><td></td><td rowspan="2"></td><td></td><td rowspan="2"></td><td rowspan="4"></td><td rowspan="4"></td></tr>
<tr><td></td><td></td></tr>
<tr><td></td><td rowspan="2"></td><td></td><td rowspan="2"></td></tr>
<tr><td></td><td></td></tr>
<tr><td rowspan="4"></td><td></td><td rowspan="2"></td><td></td><td rowspan="2"></td><td rowspan="4"></td><td rowspan="4"></td></tr>
<tr><td></td><td></td></tr>
<tr><td></td><td rowspan="2"></td><td></td><td rowspan="2"></td></tr>
<tr><td></td><td></td></tr>
</table>

实训十　全站仪测坐标

一、实训目的和要求

能用全站仪进行点位的坐标测量。

二、能力目标

掌握全站仪测量点位的坐标。

三、仪器和工具

全站仪 1 台，棱镜 2 个，自备 2H 铅笔，记录纸，三脚架，钉子，锤子。

四、实训任务

利用全站仪测量点位的坐标。

五、要点与流程

(1) 点的布置：在地面上设置三个点位 A、B、C。

(2) 在 A 点安置全站仪，对中整平。

(3) 盘左，瞄准目标 B 后，开启电源，进行键盘操作，并记入手簿。

① 设置测站点，输入 A 点的三维坐标。

② 设定后视点 B 的坐标或设定后视方向的水平度盘读数为其方位角。当设定后视点的坐标时，全站仪会自动计算后视方向的方位角，并设定后视方向的水平度盘读数为其方位角。

③ 设置棱镜常数。

④ 设置大气改正值或气温、气压值。

⑤ 量仪器高、棱镜高并输入全站仪。

⑥ 照准目标棱镜 C，按坐标测量键，全站仪开始测距并计算显示测点的三维坐标，记入手簿。

(4) 盘右，重复上述操作，记入手簿。

(5) 键盘操作：

① 测站点、后视点、棱镜高，设置完成后按 ESC 键返回坐标位置模式。

② 按 F5 键返回第一页功能。

③ 照准待测点棱镜，按 F1(测量)键进行测量，显示待测点坐标(x,y,z)。

(6) 程序模式 (按 F1 键进入)：

① 测站点和后视点。

a. 设置仪器高：依次按 F1、F5（两次）、F1（输入仪器高值）、F5（确认）键。

b. 设置测点高：依次按 F1、F4（坐标）、F2、F1（输入）、F5（确认）键，然后按数字键，选择点号后，按 F5 键显示设点坐标，按 F5 键确认设点为测站点，返回数据采集菜单。以上的操作中，可按 F3 坐标键直接输入坐标值。

② 待测点数据采集。

a. 设置测站点、后视点。

b. 按 F3 键，开始数据采集。

c. 按 F1（输入）键，输入待测点点号、点编码、棱镜高，按 F5 键确认。

d. 照准目标点，按 F3（测量）键，显示设点测量值。

e. 按 F5（记录）键，将测得数据存储至内存，返回采集模式。可继续输入新的点号，采集数据。按 ESC 键即可结束数据采集。

六、注意事项

在预先输入仪器高和目标高后，根据测站点的坐标，设置后视点方位角，便可直接测定目标点的三维坐标。后视方位角可通过输入测站点和后视点坐标后，照准后视点进行设置。坐标测量前需做好如下准备工作：设置测站、设置方位角。

1. 测站数据输入

开始坐标测量之前，需要先输入测站坐标、仪器高和目标高。仪器高和目标高可使用卷尺量取。坐标数据可预先输入仪器。坐标测量也可以在测量模式第 3 页菜单下，按菜单键进入菜单模式后选"1. 坐标测量"来进行。

（1）在测量模式的第 2 页菜单下，按坐标键，显示坐标测量菜单。

（2）选取"2. 设置测站"后按 ENT 键（或直接按数字键 2），输入测站数据。

（3）输入下列各数据项：N0、E0、Z0（测站点坐标）、仪器高、目标高。每输入一数据项后按 ENT 键。若按记录，则记录测站数据。

（4）按确定键结束测站数据输入操作，显示恢复坐标测量菜单屏幕。

中断输入：按 ESC 键；从内存读取坐标数据：按取值键。

2. 读取预先存入的坐标数据

若希望使用预先存入的坐标数据作为测站点的坐标，可在测站数据输入显示下按取值键，读取所需的坐标数据。

读取的既可以是内存中的已知坐标数据，也可以是所指定工作文件中的坐标数据。

（1）在测站数据输入显示下按取值键，出现坐标点号显示。其中，测站点或坐标点表示存储于指定工作文件中的坐标数据对应的点号。

（2）按▲或者▼，使光标位于待读取点的点号上；也可在按查找后，在"点名"行上直接输入待读取点的点号。其中，点名表示存储于内部存储器中的坐标数据对应的点号。

（3）按 ENT 键读取所选点，并显示其坐标数据。

（4）按确定键确认，显示返回坐标测量菜单屏幕，确定坐标测量。

3. 方位角设置

在输入测站点和后视点的坐标后，便可计算并设置测站点到后视点方向的方位角。

照准后视点，通过按键操作，仪器根据测站点和后视点的坐标，自动完成后视方向方位角的设置工作。

步骤：

(1) 在坐标测量菜单屏幕下用▲▼选取“3.设置方位角”后按 ENT 键(或直接按数字键 3)，此时可以直接输入方位角。

(2) 按后视键显示方位角设置屏幕，其中 N0、E0、Z0 为测站点坐标，其显示值为“输入测站数据”中介绍的方法输入的坐标值，这些值可以重新输入。

(3) 输入后视点坐标 NBS、EBS 和 ZBS 的值，每输入完一个数据后按 ENT 键，然后按确定键。(HAR 为应照准的后视方位角)

(4) 照准后视点后按“是”，结束方位角设置，返回坐标测量菜单屏幕。

从内存读取坐标数据：

测站点坐标数据读取：使光标位于 N0 或 E0 或 Z0 上后按取值键。

后视点坐标数据读取：使光标位于 NBS 或 EBS 或 ZBS 上后按取值键。

4. 坐标测量

在完成了测站数据的输入和后视方位角的设置后，通过距离和角度测量便可确定目标点的坐标。

(1) 精确照准目标棱镜中心后，在坐标测量菜单屏幕下选取“1.测量”，然后按 ENT 键(或直接按数字键 1)。

(2) 测量完成后，显示出目标点的坐标值以及到目标点的距离、垂直角和水平角。(若仪器设置为重复测量模式，按停止键来停止测量并显示测量值)

(3) 照准下一目标点，按观测键开始下一目标点的坐标测量。按测站键可进入测站数据输入屏幕，重新输入测站数据。重新输入的测站数据将对下一观测起作用。因此当目标高发生变化时，应在测量前输入变化后的值。

(4) 按 ESC 键结束坐标测量并返回坐标测量菜单屏幕。

七、应交成果

全站仪测点位坐标记录表

仪器号：　　天气：　　观测者：

日期：　　呈像：　　记录者：

点位	盘左				盘右			
	方位角 /° ′ ″	坐标			方位角 /° ′ ″	坐标		
		X/m	Y/m	Z/m		X/m	Y/m	Z/m
测站点								
后视点								
待测点								
平均值								

实训十一　全站仪放样点

一、实训目的和要求

能用全站仪进行点位的距离放样和坐标放样。

二、能力目标

掌握全站仪测量点位的距离放样和坐标放样。

三、仪器和工具

全站仪 1 台，棱镜 2 个，自备 2H 铅笔，记录纸，三脚架，钉子，锤子。

四、实训任务

利用全站仪测量点位的距离放样和坐标放样。

五、要点与流程

要点：放样测量用于在实地上测定出所要求的点。在放样测量中，通过对照准点的水平角、距离或坐标的测量，仪器所显示的是预先输入的待放样值与实测值之差。放样测量一般使用盘左位置进行。

显示值＝实测值－放样值

1. 放样的步骤

(1) 设置测站点。

(2) 设置后视方位角。

(3) 输入放样数据分两种方式：

① 输入距离和角度。

② 输入放样点的坐标(Np、Ep、Zp)，此时仪器会自动计算出测站到放样点的距离和角度。

(4) 进行放样有两种途径：

① 在放样界面设置好以上数据后，直接按确认键开始放样。

② 设置好以上数据后，退回到放样菜单屏幕，选择“观测”进行放样。

2. 距离放样测量

根据某参考方向转过的水平角和至测站点的距离来设定所要求的点。

在菜单模式下选取“2. 放样”也可以进行放样测量。

(1) 照准参考方向，在测量模式第 2 页菜单下按两次置零键，将参考方向设置为零。

(2) 在测量模式第 2 页菜单下按放样键。

(3) 选取"放样"后按 ENT 键，将光标移到输入下列数据项：1. 放样距离，2. 放样角度。每输入完一数据项后按 ENT 键。

(4) 按确认键，其中：SO. H：至待放样点的距离值差值，dHA：至待放样点的水平角差值。

(5) 按<－－－>键，在第 1 行中所显示的角度值为角度实测值与放样值之差值，而箭头方向为仪器照准部应转动的方向。

(6) 转动仪器照准部使第 1 行所显示的角度值为 0°。当角度实测值与放样值之差值在±30″范围内时，屏幕上显示两个箭头。

箭头含义：从测站上看去，向左移动棱镜或向右移动棱镜。

恢复放样观测屏幕：<－－－>。

(7) 在望远镜照准方向上安置棱镜并照准。按平距键开始距离放样测量。

按切换键可以选取放样测量模式。

(8) 距离测量进行后，在第 2 行中所显示的距离值为距离放样值与实测值之差值。

(9) 按箭头方向前后移动棱镜，使第 2 行显示的距离值为 0m，再按切换键，选取斜距、高差进行测量。当距离放样值与实测值之差值在±1cm 范围内时，屏幕上显示双向箭头，向测站方向移动棱镜或向远离测站方向移动棱镜。(选用重复测量或者跟踪测量进行放样时，无须任何按键操作，照准移动的棱镜便可显示测量结果)

(10) 使距离放样值与实测值之差值为 0m，定出待放样点位。按 ESC 键返回放样测量菜单屏幕。

3. 坐标放样测量

坐标放样测量用于在实地上测定出其坐标值为已知的点。

在输入放样点的坐标后，仪器自动计算出所需水平角和平距值并存储于内部存储器中。根据全站仪显示的角度和距离差值指挥棱镜移动，便可设定待放样点的位置。

在菜单模式下选取"2. 放样"也可以进行坐标放样。

预先输入仪器的坐标数据，可以通过调取作为放样点的坐标。

为进行高程 Z 坐标的放样，请输入正确的仪器高和棱镜高。

步骤：

(1) 在测量模式的第 2 页菜单下按放样键，进入放样测量菜单屏幕。

(2) 选取"设置测站"后按 ENT 键(或直接按数字键 3)，输入测站数据，输入棱镜高，量取由棱镜中心至测杆底部的距离。

(3) 测站数据输入完毕后按确认键，进入放样测量菜单。选取"4. 设置后视角"后按 ENT 键(或直接按数字键 4)，进入角度配置屏幕。

(4) 选取"2. 放样"后按 ENT 键，在 Np、Ep、Zp 中分别输入待放样点的三个坐标值，每输入完一个数据项后按 ENT 键。

中断输入：ESC；读取数据：取值；记录数据：记录。

(5) 在上述数据输入完毕后，按确认键进入放样观测屏幕。(仪器自动计算出放样所需距离和水平角，并显示在"放样值(2)"屏幕放样距离项上)

(6) 按"距离放样测量"中介绍的操作步骤定出待放样点的平面位置。为了确定待放样点的高程，按切换键使之显示坐标。按坐标键开始高程放样测量。

(7) 测量停止后显示出放样观测屏幕。按<———>键后按坐标键，使之显示放样引导屏幕。其中第4行位置上所显示的值为至待放样点的高差，而由两个三角形组成的箭头指示棱镜应移动的方向。(若欲使至待放样的差值以坐标形式显示，在测量停止后应再按一次<———>键)

(8) 按坐标键，向上或者向下移动棱镜，使所显示的高差值为0m(该值接近于0m时，屏幕显示出双头箭头)。当第1、2、3行的显示值均为0时，测杆底部所对应的位置即为待放样点的位置。

(9) 按ESC键返回放样测量菜单屏幕。从第(4)步开始放样下一个点。

注：当第(5)步计算的放样距离大于900000.000m时，将显示“错误数据”的提示，因此应特别小心。

六、注意事项

(1) 合理选择测站点(架设全站仪的点)、后视点(已知坐标点，如前面已经确定的起点等)。

(2) 如果测站点、后视点位置没有变动，放样时只需输入放样点坐标。

(3) 如果测站点、后视点位置任一发生变动，放样时要重新输入变动后的测站点、放样点坐标。

(4) 放样点确定后，在地面上要做好临时标记。

(5) 放样后及时安排组员进行检查。

七、应交成果

全站仪坐标放样记录表

仪器号：　　天气：　　观测者：

日期：　　呈像：　　记录者：

测站点： $H=$	$X=$	后视： $H=$	$X=$	起始方位角			后视高差		站高
	$Y=$		$Y=$	距离/m			仪高		
点号	坐标		方向角	距离/m	站高	高差	高程	设计高程	备注
	X	Y							

实训十二　全站仪闭合导线测量

一、实训目的和要求

结合竞赛实际，完成全站仪的导线测量、放样、坐标测量。

二、能力目标

按三级导线测量方法在规定的时间内用全站仪根据给定的1个已知点坐标和1个已知边的坐标方位角，独立完成闭合导线中的1个连接角、4个转折角和4条导线边测量。

三、仪器和工具

学生领取：记录表格、记录板。测量仪器自备，测角精度不高于2″(含2″)、测距精度不高于2mm+2ppm·D(含2mm+2ppm·D)的全站仪主机1台，带基座觇牌单棱镜组2套，三脚架3副。

四、实训任务

1. 导线测量

学生组按三级导线测量方法在规定的时间内用全站仪根据给定的1个已知点坐标和1个已知边的坐标方位角，独立完成闭合导线中的1个连接角、4个转折角和4条导线边测量。要求角度测量一测回，每组参赛选手每人分别完成一个测站的观测和记录(一人观测，另一人记录)，每组2名参赛选手现场分别独立进行闭合导线平差计算。

2. 放样

根据闭合导线平差计算出的未知点坐标和给定的2个设计点 P_1、P_2 点坐标，每组2名参赛选手分别在1、3号点上使用全站仪“放样”程序，在地面上分别放出 P_1、P_2 点，如下图所示。

3. 坐标测量

每组另外2名参赛选手分别在 P_1、P_2 点用全站仪坐标测量法测定2个指定的待定点 C、D 点坐标，每名选手用全站仪盘左独立完成待定点坐标的测量。

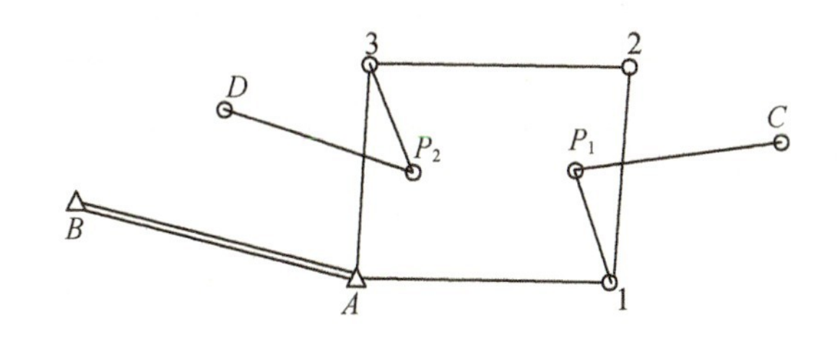

五、要点与流程

放样：准备数据、设站（输入测站点、后视测量）、启动放样程序、选择放样方法（极坐标法、坐标法等）、点位放样（输入或者调入放样点，测量角度、转动仪器、测距），反复进行调整，直到放样结束。

六、注意事项

（1）应现场将观测数据准确无误地记录到记录表相应栏内，记录工整、符合记录规定、计算准确；坐标计算结果取位至 0.001m；水平角观测不得改动秒值，度、分不得连环涂改；距离测量不得改动厘米和毫米，分米、米以上数据不得连环涂改，如有违反均需扣分。

（2）测量实训规范：参照 GB 50026—2007《工程测量规范》。

（3）水平角上下半测回较差≤24″，两测回角度差≤12″，往返测距离差≤10mm，方位角闭合差≤$24''\sqrt{n}$，导线相对闭合差≤1/5000，一测回坐标差值≤10mm，待测点坐标点位误差差值≤20mm。

七、应交成果

（1）导线测量：

距离测量记录表

<table>
<tr><td>边名</td><td>测量</td><td>往测读数</td><td>返测读数</td><td>边名</td><td>测量</td><td>往测读数</td><td>返测读数</td></tr>
<tr><td rowspan="5">|</td><td>1</td><td></td><td></td><td rowspan="5">|</td><td>1</td><td></td><td></td></tr>
<tr><td>2</td><td></td><td></td><td>2</td><td></td><td></td></tr>
<tr><td>3</td><td></td><td></td><td>3</td><td></td><td></td></tr>
<tr><td>平均</td><td></td><td></td><td>平均</td><td></td><td></td></tr>
<tr><td>往返平均</td><td></td><td></td><td>往返平均</td><td></td><td></td></tr>
<tr><td>边名</td><td>测量</td><td>往测读数</td><td>返测读数</td><td>边名</td><td>测量</td><td>往测读数</td><td>返测读数</td></tr>
<tr><td rowspan="5">|</td><td>1</td><td></td><td></td><td rowspan="5">|</td><td>1</td><td></td><td></td></tr>
<tr><td>2</td><td></td><td></td><td>2</td><td></td><td></td></tr>
<tr><td>3</td><td></td><td></td><td>3</td><td></td><td></td></tr>
<tr><td>平均</td><td></td><td></td><td>平均</td><td></td><td></td></tr>
<tr><td>往返平均</td><td></td><td></td><td>往返平均</td><td></td><td></td></tr>
</table>

注：距离平均值的计算取位至 1mm。

一测回水平角测量记录表

测站	盘位	目标	水平度盘读数/° ′ ″	半测回角值/° ′ ″	一测回平均角值/° ′ ″	备注

注:角度的计算取位至 1s。

闭合导线测量成果计算表

点号	观测角 /°′″	角度改正数 /″	改正后角度值 /°′″	坐标方位角 /°′″	距离 /m	坐标增量 Δx/m			坐标增量 Δy/m			纵坐标 x/m	横坐标 y/m
						计算值 /m	改正值 /mm	改正后的值 /m	计算值 /m	改正值 /mm	改正后的值 /m		
辅助计算	$f_\beta=\sum\beta_{测}-360°=$　$f_x=\Sigma\Delta x=$　$f_y=\Sigma\Delta y$　$f=\sqrt{f_x^2+f_y^2}=$　$k=\frac{f}{\Sigma D}=$												

注：角度及改正数的计算取位至1s，距离、坐标及相关改正数的计算取位至1mm。

(2) 现场放样 P_1、P_2 两点：

P_1、P_2 坐标值(已知)

点名	X/m	Y/m	备注
P_1			待放样
P_2			待放样

(3) 坐标测量：

C 坐标测量记录表

点名	X/m	Y/m	备注
P_1			待定点
C			待定点

注：角度计算取位至1s，距离、坐标计算取位至1mm。

D 坐标测量记录表

点名	X/m	Y/m	备注
P_1			待定点
D			待定点

注：角度计算取位至1s，距离、坐标计算取位至1mm。

实训十三　全站仪支导线测量

一、实训目的和要求

学生一个人独立完成全站仪的坐标测量和导线测量。

二、能力目标

在规定的时间内，使用全站仪独立完成支导线的坐标测量和支导线测量。

三、仪器和工具

学生领取：记录表格、记录板。测角精度不高于 2″(含 2″)、测距精度不高于 2mm＋2ppm・D(含 2mm＋2ppm・D)的全站仪主机 1 台，带基座觇牌单棱镜组 2 套，三脚架 3 副。

四、实训任务

一个已知点 A 和已知方向 AB 及两个未知点 C、D 点组成的支导线，如下图所示。

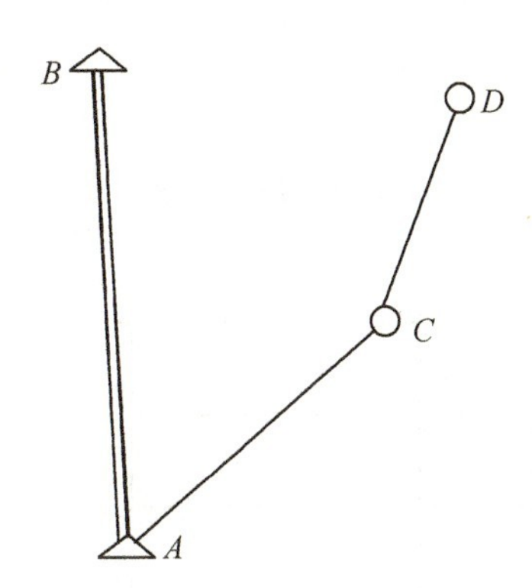

1. 坐标测量

在支导线 A 点用全站仪一测回测定待定点 D 点坐标，并现场计算坐标方位角、坐标平均值。

2. 导线测量

完成由一个已知点 A 和已知方向 AB 及两个未知点 C、D 点组成的支导线的角度和距离测量。

五、要点与流程

使用全站仪根据给定的 2 个已知点坐标或 1 个已知点坐标和 1 条已知边的坐标方位角，按照指定的观测顺序 $A \to C \to D$，完成 1 条支导线的水平角和距离测量。其中，距离测量需往返观测，各记录 3 次，采用二测回测量水平角，现场完成记录中各项计算并按支导线法计算各待定点坐标。

为检验数据的正确性，要求测量 D 点的水平角（$\angle CDA$）一测回，DA 边水平距离一测回。根据所测 D 点的角度和 DA 边水平距离计算出 A 点的坐标，检查操作的精度。

六、注意事项

（1）应现场将观测数据准确无误地记录到记录表相应栏内，记录工整、符合记录规定、计算准确；坐标计算结果取位至 0.001m；水平角观测不得改动秒值，度、分不得连环涂改；距离测量不得改动厘米和毫米，分米、米以上数据不得连环涂改，如有违反均需扣分。

（2）测量实训规范行规范：参照 GB 50026—2007《工程测量规范》。

（3）水平角上下半测回较差$\leqslant 24''$，两测回角度差$\leqslant 12''$，往返测距离差$\leqslant$10mm，方位角闭合差$\leqslant 24''\sqrt{n}$，导线相对闭合差$\leqslant$1/5000，一测回坐标差值$\leqslant$10mm，待测点坐标点位误差差值$\leqslant$20mm。

七、上交成果

（1）坐标测量：

坐标测量记录表

<table>
<tr><th colspan="2">点名</th><th>X/m</th><th>Y/m</th><th>坐标方位角</th><th>备注</th></tr>
<tr><td colspan="2"></td><td></td><td></td><td rowspan="2"></td><td rowspan="2">已知点</td></tr>
<tr><td colspan="2"></td><td></td><td></td></tr>
<tr><td rowspan="3"></td><td>盘左</td><td></td><td></td><td rowspan="3"></td><td rowspan="3">待定点</td></tr>
<tr><td>盘右</td><td></td><td></td></tr>
<tr><td>平均</td><td></td><td></td></tr>
</table>

注：角度计算取位至 1s，距离、坐标计算取位至 1mm。

计算：$a_{AD}=$

（2）导线测量：

二测回水平角测量记录表

测站	测回	盘位	目标	水平度盘读数 /° ′ ″	半测回角值 /° ′ ″	一测回平均角值 /° ′ ″	各测回平均角值 /° ′ ″	备注

注：角度的计算取位至 1s。

距离测量记录表

边名	测量	往测读数	返测读数	边名	测量	往测读数	返测读数
	1				1		
	2				2		
｜	3			｜	3		
	平均				平均		
	往返平均				往返平均		
边名	测量	往测读数	返测读数	边名	测量	往测读数	返测读数
	1				1		
	2				2		
｜	3			｜	3		
	平均				平均		
	往返平均				往返平均		

注：距离平均值的计算取位至 1mm。

支导线测量成果计算表

点号	角度观测值 /°′″	坐标方位角 /°′″	水平距离 /m	坐标增量		坐标		备注
				Δx/m	Δy/m	x/m	y/m	

注：角度的计算取位至1s，距离、坐标及相关改正数的计算取位至1mm。

(3) 检核成果表：

一测回水平角测量记录表

测站	测回	盘位	目标	水平度盘读数 /°′″	半测回角值 /°′″	一测回平均角值 /°′″	各测回平均角值 /°′″	备注

注：角度的计算取位至1s。

距离测量记录表

边名	测量	往测读数
|	1	
	2	
	3	
	平均	

参考文献

[1] 苗景荣.建筑工程测量[M].1版.北京:中国建筑工业出版社,2003.

[2] 中国建筑工业出版社.工程建设标准规范分类汇编:测量规范(2000年版)[M].北京:中国建筑工业出版社.

后　记

本书是江苏省海门中等专业学校建筑工程施工专业国示范建设的核心成果。本书以适应岗位需求为导向，突出技能教学，着力促进知识传授与实践操作的紧密衔接。本书的编写由行业、企业和学校等多方参与，针对岗位技能要求变化，在现有教材基础上开发的补充性、更新性和延伸性的创新教材。它的投入使用将会多渠道地满足不同层次学生的学习需求和职业要求，增强教学的实践性、针对性和实效性，提高专业教学质量。

本书由海门中专建筑工程施工专业的杨海燕和张慧琴两位老师负责编写，在编写过程中，除了得到了龙信建设集团有限公司、苏通建设集团有限公司、江苏南通三建集团有限公司、海门市三联建筑安装工程有限公司、欣乐房地产集团有限公司、海门市轻工建筑安装工程有限公司等多家建筑企业的鼎力支持外，建筑企业技术骨干刘瑛、张周强等就教材的开发理念、设计思路和框架结构提出了方向性意见和指导性建议；江苏省海门中等专业学校对教材的研究、开发工作给予了大力支持；苏州大学出版社为本书的研制和出版提供了有效的保障。在此，一并表示感谢！